工廠叢書⑧

如何改善生產績效 〈增訂二版〉

秦萬友　編著

憲業企管顧問有限公司　　發行

《如何改善生產績效》〈增訂二版〉

序 言

　　就一個企業所面對的市場大環境，開源節流最重要。開源是分散市場發展新產品、增加客戶、提高產品的附加價值；而節流則是改善工作，創新或調整企業運作流程，掌握及控制各個環節的浪費，改善生產績效。對於企業的生產管理部門而言，開源節流這個詞的重心顯然更多地偏重於後者。

　　眾所週知，生產中的成本主要來源於所有生產管理人員的管理費用及操作人員的人工費用、設備的折舊與維護修理費用、各項原材料的費用、企業所購買或租用的工作廠房場地費用。**因此，作為生產管理者，是否具有嚴格的成本意識，是否對生產成本能夠進行有效的控制，是否能控制生產品質，是否能確保交期，是否能提升生產量，既是生產主管的能力重要表現，也是提升自身綜合管理能力的重要組成部分。**

　　本書是針對企業為改善生產績效而撰寫，內容包括如何盯交期、促產量、抓品質、控成本、保安全、勵士氣，全書都是現場管理作業的實務作法資料，仔細參考引用，必能提升貴公司的生產績效、經營成果。

2010 年 5 月

《如何改善生產績效》〈增訂二版〉

目　錄

第 一 章

生產績效診斷分析

一、生產系統診斷調查表

序號	診斷項目	診斷記錄	問題點
1	各種與產品生產有關的制度是否已建立		
2	制度的執行是否到位,那些制度執行不力、阻力來自何方		
3	相關部門協調配合程度,協調不好的原因		
4	生產部門內部的利益分配合理性、存在那些問題		
5	生產部是否開展經常的培訓來提高業務人員的業務素質,最近一年培訓多少次		
6	生產部有無自己的外協網路及延伸的深度		
7	生產部門內人員的控制方式與控制程度是否恰當		
8	生產部各層次人員素質情況		
9	生產人員的技術組成狀況,能否適應現代生產的要求		
10	生產設備配備情況,能否適應生產要求		
11	企業生產能力(年產量或產值)多大,實際生產能力完成多少		

二、生產運作管理診斷調查表

區分	調查項目	主要調查事項	記事
作業分析	1.工程分析（主要產品）	把握改善重點	
		改善著眼點的實例	
	2.工作研究（主要工程）	工作條件與動作改善	
		訂定標準時間（實例表示）	
	3.工作率分析	機械工作率、把握工作效率	
		寬放率及效率標準的控制	
人員設備建築	1.工作者（職種、技術別）	各部門各工程能力的均衡	
		技術之合適性及其訓練	
	2.機械設備（台數、能力）	工程別能力的均衡、精確度的合適性	
		過忙或閒暇分析	
		機械工作率是否合適	
	3.工廠佈置（設備、建築）	流程圖工廠佈置是否合適	
		工作面積及工作環境是否合適	
設計	1.設計管理	設計改善與降低成本的關係	
		生產設計之實施情形	
	2.產品研究	提高產品品質問題	
		其他公司同類產品品質的比較	
生產計劃	1.一般情形	由誰、以何方法立案的	
		銷售計劃及資金計費是否配合	
	2.程序計劃	工程程序的指定問題	
		標準工作量的確定	
	3.日程計劃	目前負荷量的控制	
		裝配順序、寬放時間的考慮、緩急順序的決定	
	4.工時計劃	生產預定案與工時的配合	
		工時太多或不足的對策	

工程管理	1.生產預定表	部門別、產品別的工程進度指示	
		何範圍的人員認識此進度	
	2.進度管理完成品管理	預定的進度表與實際績效相較	
		工作單迅速確實的傳送	
		完成品的收付與保管	
	3.績效資料	每日生產量與工作時間的記錄	
		生產計劃與成本計算的利用	
	4.管理機械	計劃的統一管理	
		辦公室與現場的控制	
		舉行生產會議與工作會議	
	5.表　　單	所使用表單之梯式合適否	
		預定表與進度表的式樣	
		一次書寫制度	
工作管理	1.工作標準	是否訂有工作標準	
		是否清楚	
		工作條件與時間是否指示	
		工作標準的形式	
	2.工作指導	工作者的指導方法與程度	
		工作者的委任是否充分	
		品質與生產的管制	
	3.工作改善	工作簡化、對工具與設備改良	
		積極改善的實例	
		獎勵工作改善的實例	
	4.整理整頓	整理整頓是否充分	
		不良品與廢料是否散亂	

續表

檢查	1.檢查方法	檢查基準是否合適	
		收貨檢查與工程檢查	
		檢查者及檢查制度	
		檢查工具是否合適	
	2.不良率	檢查結果之記錄	
		不良率的工程別、原因別	
		不良品的處置及防止對策	
		現在的不良率是否太高	
	3.可用率	總體可用率	
		應付可用率提高的對策	
機械工具管理	1.機械設備管理	管理的負責人	
		預防保養	
		定期檢查的實施	
	2.工具管理	工具的研磨等管理	
		工具的保管是否適當	
		外借工具是否確實記錄	
	3.工具類型	設計、採購、製造的方法是否適當	
		保管方法是否適當、負責人為誰	
動力熱	1.電力	電力管理的重點	
		節省電力的對策	
	2.燃料	燃料費的比例、成本、單位消費量及管理重點	
工作環境	1.搬運管理	搬運工具的利用、通路狀態	
	2.環境條件	影響工作的條件如何	
		是否有適當的管理	
	3.安全管理	有無安全統計、安全對策	
		火災的防止是否適當	

-8-

三、製造管理診斷調查表

項目	題　目 （提問點及症狀）	答題方式	給分標準	答　案	
				選擇	得分
1. 生產 排程	(1)生產計劃執行完成率＿＿	A.95%～100% B.90%～95% C.85%～90% D.85%以下	A＝3 B＝2 C＝1 D＝0		
	(2)有無《生產排程管理辦法》及相關規定	A.有　B.無	A＝2 B＝0		
	(3)有無執行《生產排程管理辦法》？（執行效果力度如何？）	A.未執行 B.偶爾執行 C.通常執行 D.嚴格執行	A＝0 B＝1 C＝2 D＝3		
2. 生產 線存 貨管 理	(1)有無成立專門委員會或相關組織推行5S（標識、區域規範等）	A.有　　B.無	A＝2 B＝0		
	(2)物料、在製品在工廠有無按區域標識分區存放	A.有 B.大部分 C.無	A＝2 B＝1 C＝0		
	(3)在製品轉序有無流轉單據	A.有　　B.無	A＝2 B＝0		
	(4)物料領用，發放是否按生產排程執行	A.是 B.大部分是 C.不是	A＝2 B＝1 C＝0		
	(5)不配套積壓產品是否得到退料和及時處理	A.是 B.大部分是 C.未	A＝2 B＝1 C＝0		
3. 生產 進度 管制	(1)有無《在製品、材料進銷存台賬》和《出貨進銷存台賬》	A.有　　B.無	A＝2 B＝0		

續表

4. 生產 技術 管理	(1)有無作業指導書	A. 有　　B. 無	A＝2 B＝0		
	(2)有無設備定期維護保養計劃	A. 有　　B. 無	A＝2 B＝0		
5. 設備 技術 管理	(1)有無建立設備台賬？（如設備一覽表、設備履歷表等）	A. 有　　B. 無	A＝2 B＝0		
	(2)有無建立模具台賬	A. 有　　B. 無	A＝2 B＝0		
	(3)有無建立《模具領用發放管理辦法》	A. 有　　B. 無	A＝2 B＝0		
	(4)機器設備有無懸掛操作說明書	A. 有　　B. 無	A＝2 B＝0		
6. 多能 工訓 練	(1)在重要工序或關鍵工序有無多能工訓練	A. 有　　B. 無	A＝2 B＝0		
	(2)特殊工序有無多能工訓練	A. 有　　B. 無	A＝2 B＝0		
	(3)有無多能工訓練計劃	A. 有　　B. 無	A＝2 B＝0		
7. 生產 效率	(1)有無設備IE工程師，開展流程改造、技術改進工作	A. 有　　B. 無	A＝2 B＝0		
	(2)是否存在瓶頸工序和工序能力不平衡	A. 有　　B. 無	A＝2 B＝0		
	(3)是否有工序產能規劃或有無書面的產能定額	A. 有　　B. 無	A＝2 B＝0		
	(4)有無定期或不定期生產協調會或建立生產例會制度	A. 有　　B. 無	A＝2 B＝0		
8. 品質 管制	(1)物料過程損耗是否與個人工資掛鈎或有無落實到生產一線員工，損耗水準有無與相關企管員的收入掛鈎	A. 全有 B. 部分有 C. 無	A＝2 B＝1 C＝0		
	(2)不合格品處理權責是否明確？有無形成書面制度文件	A. 明確，有書面文件 B. 其他	A＝2 B＝0		

續表

8. 品質 管制	(3)不合格品是否被標識、隔離或管制	A.管制 B.隔離 C.其他	A＝2 B＝1 C＝0		
	(4)返工、返修產品是否有相關檢驗與測試並留下記錄資料	A.有相關核對總和測試記錄 B.有測試無記錄 C.其他	A＝2 B＝1 C＝0		
	(5)特採品是否加以標識隔離管制	A.隔離管制 B.隔離未處理 C.其他	A＝2 B＝1 C＝0		
9. QCC 活動	(1)針對製造過程重大問題或嚴重不合格項有無成立QCC活動小組，進行品質攻關	A.成立 QCC 小組或有專門組織解決 B.其他	A＝2 B＝0		
10. 作業 管制	(1)產品在所有階段是否均有明確標識	A.全有標識 B.部分有 C.沒有	A＝2 B＝1 C＝0		
	(2)特殊制程作業員是否經過資格確認	A.有資格確認 B.無資格確認	A＝2 B＝0		
	(3)有無品質、產量評比及目視管理	A.有評比，有目視管理 B.有評比，無目視管理 C.全無	A＝2 B＝1 C＝0		
	(4)有無緊急任務通告專版	A.有　B.無	A＝2 B＝0		
11. 生產 協調	(1)有無產能定額規劃？有無書面產能定額	A.有　B.無	A＝2 B＝0		
	(2)出現異常有無生產協調調度會	A.有　B.無	A＝2 B＝0		
	(3)是否制定有關物料在進料制程及成品運輸時的搬動管理程序	A.進料、制程、成品全有 B.部分有 C.全無	A＝2 B＝1 C＝0		

續表

11. 生產 協調	(4)是否提供指定的搬運工具或其他防止物料產品損傷或劣化的搬運方法和手段	A.是　B.否	A＝2 B＝0		
	(5)是否有《樣品管理辦法》及《樣品編號一覽表》	A.有 B.有其中一種樣式 C.無	A＝2 B＝1 C＝0		
12. 生產 協調	(1)有無制定材料及產品儲存管制程序,如提供安全儲存場所	A.有　B.無	A＝2 B＝0		
	(2)是否制定物料收發管制辦法、制定各產品包裝保存及標記的明確規定,如先進先出、定期盤點、對賬、物料擺放存放是否井然有序等	A.四項全有 B.僅有前3項 C.有1～2項 D.全無	A＝3 B＝2 C＝1 D＝0		
	(3)是否制定實施書面規定及實施設備預定	A.是 B.未實施	A＝2 B＝0		
	(4)各項統計手法「兩圖一表」或工具是否已被正確無誤使用	A.是 B.有「兩圖一表」但未正確使用 C.其他	A＝3 B＝1 C＝0		
	(5)是否有各階段(物料、接受、制程、最終產品出貨)的檢驗與測試作業程序和標準書	A.全部有 B.有其中3個 C.其他	A＝3 B＝2 C＝0		
	(6)待驗的物料、制程、最終產品出貨是否有明顯的標識加以識別	A.全有 B.其中2項有 C.無	A＝3 B＝2 C＝0		
	(7)特准放行的產品是否完成特殊程序?是否有相關標識及可追溯性	A.有　B.無	A＝2 B＝0		
	(8)進料制程及成品驗收階段有無建立抽樣方案	A.有　B.無	A＝2 B＝0		

四、生產現場診斷表

查核要項	現狀的水準與缺點	診斷記錄	治理方案
生產計劃方面	評定水準(A・B・C・D・E)		
生產技術方面	評定水準(A・B・C・D・E)		
機械設備方面	評定水準(A・B・C・D・E)		
生產工具方面	評定水準(A・B・C・D・E)		
品質管制方面	評定水準(A・B・C・D・E)		
降低成本方面	評定水準(A・B・C・D・E)		
工程管理方面	評定水準(A・B・C・D・E)		
資料管理方面	評定水準(A・B・C・D・E)		
外協管理方面	評定水準(A・B・C・D・E)		
作業環境方面	評定水準(A・B・C・D・E)		
安全管理方面	評定水準(A・B・C・D・E)		
作業方法方面	評定水準(A・B・C・D・E)		
技能訓練方面	評定水準(A・B・C・D・E)		
工作紀律方面	評定水準(A・B・C・D・E)		

五、制程診斷檢查表

序號	診斷項目	診斷記錄	問題點
1	制程檢驗人員配備是否合理		
2	制程檢驗人員素質是否達到要求		
3	制程檢驗的力度能否達到企業預防產品出現不合格品的需要		
4	制程產品出現不合格品如何處置		
5	產品出現不合格時資訊是否得到及時傳遞		
6	生產出現不合格品的原因及責任由誰來分析確定		
7	制程中所運用的統計技術是否能滿足企業的需要		
8	制程檢驗人員與各工廠的溝通如何，是否形成產品品質是製造出來的，而不是檢驗出來的理念		
9	產品訂單的特殊要求是否能及時傳到制程品質組		

六、生產作業現場巡查診斷表

查核項目		評分	診斷記錄
整理 整頓 方面	原料或零件是否擺放在標準的定點位置？		
	作業用的工具是否擺放在標準定點位置？		
	工作臺上是否整理得條理井然？		
	工作環境是否整理就緒，走道是否通暢？		
工作 態度 方面	工作中是否有人偷懶閒聊？		
	員工是否保持正確的作業姿勢？		
	是否按規定的服裝穿著整齊		
處理 設備 方面	是否按照說明正確地操作機械？		
	是否正確地使用工具？		
	機械、工具是否擺在妥當之處，易於取用？		
工程 進度 方面	有無停工待料的事情，全體人員是否都能夠順利地 進行作業？		
	整個工程是否都按原定計劃順利地進行？		
	各個工程之間是否都能順利地銜接無礙？		
安全 方面	是否正確使用保護器具或防範安全器具？		
	危險物品是否都能夠保管得非常妥當？		
	安全標誌類是否都能按照規定執行？		

七、生產調度診斷調查表

項目	題 目 （提問點及症狀）	答題方式	給分標準	答 案 選擇	得分
1. 合約 評審	(1)有無每一張訂單交貨期都經過生產調度部門確認	A.有　B.無	A＝3 B＝0		
	(2)有無對產品的使用要求、交貨要求等予以鑒定	A.有　B.無	A＝3 B＝0		
	(3)有無制訂合約簽訂管理審查程序？有無標準合約	A.全部有 B.部分有 C.無	A＝3 B＝1 C＝0		
	(4)合約或訂單內容是否能明確產品名稱規格、交貨期等事項	A.全部是 B.部分是 C.否	A＝3 B＝2 C＝0		
	(5)針對合約或訂單的變更，修改或作廢，是否已制定完整的作業程序？ ①與客戶溝通 ②交貨期更改後協調生產 ③取消計劃等	A.全有 B.部分有 C.無	A＝3 B＝1 C＝0		
	(6)逾期交貨是否有專人跟蹤處理	A.有　B.無	A＝3 B＝0		
2. 生產 計劃	(1)準時交貨率的完成情況	A.98%～100% B.90%～98% C.80%90% D.80%以下	A＝4 B＝3 C＝2 D＝0		
	(2)有無書面生產計劃	A.有　B.無	A＝3 B＝0		
	(3)每日的生產計劃有無經過技術、銷售、製造、品質相關部門評審確認	A.全部有 B.有供應部、製造部 C.無	A＝3 B＝1 C＝0		

續表

2. 生產 計劃	(4)生產計劃分解到那個級別 如系列成品、半成品、零 件	A.分解到零部件 B.分解到半成品 C.無	A＝3 B＝2 C＝0		
	(5)有無完成率的書面統計？ 有無統計管理制度	A.全部有 B.有書面統計完 成率 C.無	A＝3 B＝2 C＝0		
	(6)有無定期分析檢討有關統 計資料	A.有　B.無	A＝3 B＝0		
	(7)公司的生產能力是否能滿 足公司銷售要求	A.基本滿足 B.有盈餘 C.不能滿足	A＝3 B＝1 C＝0		
3. 台賬 管理	(1)對供應商的交貨及品質狀 況有無書面分析報告	A.兩者都有，且 有書面分析 B.兩者有無書面 分析 C.有其中之一 D.無	A＝3 B＝2 C＝1 D＝0		
	(2)有無書面統計公司的品質 合格率	A.有書面 B.無	A＝3 B＝0		
	(3)有無《半成品、成品、生 產日報表》或《庫存日報 表》	A.有　B.無	A＝3 B＝0		
	(4)有無訂單台賬	A.有　B.無	A＝3 B＝0		
	(5)欠料管理方式： ①有書面《每日欠料跟催一 覽表》 ②口頭催料	A.答① B.答② C.無	A＝3 B＝1 C＝0		

3. 台賬 管理	(6)有無材料、半成品、流轉 單據管理	A. 有書面《管理 辦法》 B. 有報告，無書面 C. 無	A＝3　B＝2 C＝0		
	(7)有無書面《常規產品BOM清 單》	A. 有書面的 B. 有，不健全 C. 無	A＝3　B＝2 C＝0		
	(8)有無《在製品定額明細表 （含工作定額、物料損耗定 額、能耗定額或工時定 額）》	A. 全有 B. 有物料定額或 　工作定額 C. 無	A＝3　B＝2 C＝0		
	(9)有無《產品生產週期一覽 表》？有無修訂程序	A. 兩者都有 B. 有《產品生產 　週期一覽表》 C. 其他	A＝3　B＝2 C＝0		
	(10)有無書面《日出貨統計表》	A. 有　　B. 無	A＝3　B＝0		
4. 交貨 管理	(1)是否存在由於缺料影響如 期出貨	A. 因缺料占影響 　交期5%以下 B. 5%～10% C. 10%～20% D. 20%以上	A＝3　B＝2 C＝1　D＝0		
	(2)是否有相關部門製作的 《原材料來料時間表》	A. 有　　B. 無	A＝3　B＝0		
	(3)是否嚴格按預定投產期投 產	A. 95%以上 B. 90%～95% C. 80%～90% D. 80%以下	A＝3　B＝2 C＝1　D＝0		
	(4)是否存在設備工裝夾具未 能及時修復而不能使用， 影響如期交貨	A. 不存在 B. 輕微 C. 嚴重	A＝3　B＝2 C＝0		

續表

5. 組織協調	(1)企業內部相關部門有無生產調度例會制度	A.有　B.無	A＝3　B＝0	
	(2)出現異常是否無組織召開生產協調會	A.是　B.否	A＝3　B＝0	
	(3)有無專人負責物料統計及跟蹤工作	A.有　B.無	A＝3　B＝0	
	(4)有無專人負責生產進度統計及跟蹤工作	A.有　B.無	A＝3　B＝0	
	(5)有無專人負責品質異常統計及跟蹤工作	A.有　B.無	A＝3　B＝0	
	(6)有無專人負責出貨統計及跟蹤工作	A.有　B.無	A＝3　B＝0	

八、技術開發自我診斷調查表

序號		診斷項目	診斷記錄	問題點
1.	組　織	(1)有無文件化的組織結構及隸屬關係		
		(2)有無文件化的設計人員職責及權限		
		(3)設計人員有無文件化資格要求		
		(4)設計人員上崗前是否經過培訓並留存相應記錄		
		(5)組織是否有文件化獎懲制度，其績效有無與薪資掛鉤		
2.	資　源	(1)設計現有工具及儀器設備能否滿足設計需要		
		(2)設計人員編制及專業技術經驗能否滿足要求		
		(3)有無外界資料及培訓、學習以提升設計開發人員能力		
		(4)相關部門是否提供該設計部相應市場調查狀況，以利新產品開發		

續表

3.	設計過程控制	(1)有無文件化設計過程控制程序		
		(2)有無設計策劃(計劃)及實現計劃活動實施相關人員及職責規定		
		(3)在設計計劃或程序中有無文件化介面說明		
		(4)有無明確的設計輸入表,輸入表有無確定合約要求及法規要求		
		(5)設計輸出有無一一滿足輸入的要求		
		(6)設計各階段有無評審,評審有無參照合約要求及相關法規		
		(7)在設計的相應階段有無設計驗證		
		(8)設計確認的權限有無明確規定、有無確認		
		(9)設計更改的權限有無明確規定。設計更改有無通知相關人員及部門有無確認		
4.	技術文件管制	(1)有無技術文件管制程序(含歸檔、發行、更改等)		
		(2)技術文件有效,版本是否涉及控制		
5.	設計結果適應性	(1)設計輸出的資料是否完善(例有無相應圖紙及標準BOM表單)		
		(2)有無相應技術流程及操作方法		
		(3)有無檢驗驗證的標準		
		(4)技術文件能否滿足客戶要求及製造單位要求		

九、技術開發管理診斷調查表

項目	題　目 （提問點及症狀）	答題方式	給分標準	答　案	
				答題	得分
1. 技術 文件 完整 性	(1)產品設計圖紙的完整性	具有整套圖紙文件的產品品種數量／總的產品品種數量	<0.2＝1 0.8～1＝2 0.2～0.6＝3 0.6～0.8＝4		
	(2)技術文件的完整性	具有整套技術文件的產品品種數量／總的品種數量	同上		
2. 資訊 資料 管理	(1)本行業的國家標準，部頒標準（包括相關標準）	A.有完整 B.部分有 C.無	A＝3 B＝2 C＝0		
	(2)本行業國際標準	A.有完整 B.部分有 C.無	A＝2 B＝1 C＝0		
	(3)相關基礎標準	A.有完整 B.部分有 C.無	A＝2 B＝1 C＝0		
	(4)行業刊物（國內）	A.內部有 B.部分有 C.無	A＝2 B＝1 C＝0		
	(5)國際行業刊物	A.全部有 B.部分有 C.無	A＝2 B＝1 C＝0		
	(6)國內行業前五名廠商產品資料	A.全部有 B.部分有 C.無	A＝2 B＝1 C＝0		
	(7)國際行業前五名廠商資料	同上	A＝2 B＝1 C＝0		

3. 新產 品效 益	(1)每年完成開發新 　產品品種速度比	當年開發新品種數量／ 上年開發新產品數量	＜0.9＝1 ＝0.9～1.1＝2 ＞1.1＝3		
	(2)每年新產品銷售 　收入比	直接填當年投產入／ 全部產品銷售收入	＜1＝0 1～2＝1 2以上＝2		
	(3)新產品中仿造的 　品種數比	仿造產品品種數量／ 新產品品種數量	1＝1 0.3～1＝2 0.3以下＝3		
	(4)專利產品營業收 　入比	專利產品銷售收入／ 全部產品銷售收入	0～0.2＝1 0.2～0.5＝2 0.5～1＝3		
4. 開發 過程 管理	(1)有無新產品開發 　計劃及進度表	A.有 B.55%以上 C.45～55 D.45以下	A＝3　B＝0		
	(2)按計劃完成的品 　種比例	A.大部分 B.小部分	A＝3　B＝2 C＝1		
	(3)開發費用占總收 　入的比例	A.2%以下 B.2%～5% C.5%以上	A＝1　B＝2 C＝3		
5. 制度 與組 織	(1)有無開發程序管 　理文件及相關審 　批制度	A.有，執行較好 B.有文件，執行不好 C.沒有	A＝3　B＝2 C＝0		
	(2)有無技術管理制 　度和執行記錄	A.有文件，執行較好 B.有文件，無記錄 C.全無	A＝2　B＝1 C＝0		
	(3)有無組織架構崗 　位職責規範	A.有　　B.無	A＝1　B＝0		
	(4)有無技術文件管 　理制度	A.有　　B.無	A＝1　B＝0		

續表

5. 制度 與組 織	(5)有無標準化管理 制度	A.有　B.無	A＝1　B＝0		
	(6)有無專職標準化 管理人員	A.有專職 B.兼職 C.無	A＝2　B＝1 C＝0		
6. 人員 素質 狀況	(1)技術人員覆蓋專 業比例	A.>80% B.40%～80% C.<40%	A＝4　B＝2 C＝I		
	(2)技術人員學歷狀 況	A.中專比例最多 B.大專比例最多 C.本科比例最多 D.碩士以上比例最多	A＝1　B＝2 C＝3　D＝4		
	(3)技術人員占職工 總數的比例	A.1%以下 B.1%～5% C.5%以上	A＝1　B＝2 C＝3		
	(4)沒有技術員的工 廠比例	A.大部分工廠有 B.少部分有 C.沒有	A＝2　B＝1 C＝0		
	(5)技術人員的平均 廠齡	A.1～2年 B.3～4年 C.5年以上 D.8年以上	A＝1　B＝2 C＝4　D＝1		
	(6)部門經理廠齡	A.3年以下 B.3～5年 C.5年以上	A＝1　B＝2 C＝4		
	(7)部門經理學歷	A.中專 B.大專 C.本科 D.碩士以上	A＝1　B＝2 C＝3　D＝4		

續表

7. 開發 設施	(1)設計人員使用電腦狀況	A.全部 B.大部分 C.小部分 D.無	A＝4　B＝2 C＝1　D＝0		
	(2)有無專用的基礎研究實驗室	A.有　B.無	A＝1　B＝0		
	(3)有無專用的新產品試製設備及組織	A.有　B.沒有	A＝1　B＝0		
8. 行業 活動	(1)是否行業協會成員	A.是　B.不是	A＝3　B＝0		
	(2)參加行業協會活動次數	A.每次都參加 B.大部分 C.小部分	A＝3　B＝2 C＝1		
	(3)每年在各類專業刊物上發表的論文數	A.3篇以上 B.1～3篇 C.沒有	A＝2　B＝1 C＝0		
9. 資訊 溝通 與共 用	(1)參加產品展覽會	A.有　B.無	A＝2　B＝0		
	(2)市場調研情況.	A.有　B.無	A＝2　B＝0		
	(3)內部標準化資料共用	A.有推薦標準手冊 B.有常用部件圖庫 C.有常規工作時間定額標準及計算辦法	每一項加1分		
	(4)有無加入國家或國際標準化網路會員	A.有　B.無	A＝1　B＝0		

十、技術診斷調查表

序號	診斷項目	診斷記錄	結果
1	檢查設計輸入、輸出、評審驗證，確認等各階段有無進行劃分並明確各階段主要工作內容	查設計計劃書或提供的有關資料	
2	檢查有無明確各階段人員分工，責任人，進度要求以及配合部門	查設計計劃書或提供的有關資料	
3	不同設計人員之間的介面是如何處理的	查有無設計資訊聯絡單或其他溝通方式	
4	在設計輸入時有無明確設計產品功能描述，主要技術參數和性能指標	查看設計任務書或其提供的有關資料	
5	在設計輸入時有無確定該產品適用的相關標準，法律法規，顧客的特殊要求等	查看設計任務書或其提供的有關資料	
6	在設計輸入前有無進行市場調研，瞭解社會的需求	通過交談或查閱其提供的有關資料	
7	有無參考以前類似設計的有關要求以及設計和開發所必須的其他要求，如安全防護，環境等方面的要求	通過交談或查閱其提供的有關方式	
8	設計輸出文件中的重大設計特性是否明確或做出標識，以及輸出文件的發放管理狀況	通過交談或抽看2～3份設計文件	
9	有無組織與設計階段有關的職能部門代表對設計輸出文件進行評審	查看2～3份評審記錄	
10	對評審中發現的缺陷和不足有無整改，整改完成後有無再進行評審	根據查看的評審記錄追蹤其整改落實情況	
11	有無做成設計評審報告，以及評審報告的發放管理狀況	查看2～3項的評審報告，並通過交談，瞭解其發放流程	

12	設計評審通過後，有無進行設計驗證，設計任務中每一技術參數，性能指標都要有相應的驗證記錄	通過交談，查看2～3個項目的設計驗證記錄	
13	對於設計驗證中發現的問題，有無整改措施並進行落實	通過交談，根據驗證記錄跟蹤措施的執行情況	
14	通過何種方式對最終產品進行設計確認工作，如顧客試用報告、新產品鑒定報告等	通過交談，瞭解設計確認的方式並查看2～3份項目確認報告	
15	設計更改有無按規定流程去做，如填寫《設計更改申請單》，審批後更改等	查看2～3份設計更改記錄並追蹤其更改申請單	
16	設計文件和資料的歸檔管理工作	有無文件資料登記清單，借閱清單等	
17	設計部的組織架構	通過交談	
18	新品開發週期、新品所占比例	通過交談	
19	技術文件、檢驗標準的編制與歸檔	查2～3份技術文件，檢驗標準的清單發放、保管情況	
20	老產品的技術品質問題有無進行管理	通過交談，詢問	
21	有無完整的產品目錄清單及其產品標準（包括樣品保管）	查看清單，並抽看2～3份產品標準	
22	新產品的達成率，優良率分別是多少	通過檢查計算	
23	有無技術創新獎勵活動	查看獎勵制度	

十一、生產安全現場檢查診斷表

檢查診斷項目		評價	診斷記錄	結果
機械設備	1.各防護罩有無未用損壞、不合適？ 2.機械運轉有無震動、雜聲、鬆脫現象？ 3.機械潤滑系統是否良好、有無漏油？ 4.壓力容器是否保養良好？			
電氣設備	1.各電器設備有無接地裝置？ 2.電氣開關護蓋及保險絲是否合規定？ 3.電氣裝置有無可能短路或過熱起火？ 4.廠內外臨時配用電是否合規定？			
升降機起重機	1.傳動部分之潤滑是否適當？操作是否靈活？ 2.安全裝置是否保養良好？			
攀高設備（梯、凳）	1.結構是否堅牢？			
人體防護用具	1.工作人員是否及時佩帶適當之防護用具？ 2.防護用具是否維護良好？			
消防設備	1.滅火器材是否按配置地點吊掛？ 2.消防器材設備是否保養良好？			
環境	1.通道樓梯及地區有無障礙物？ 2.油污廢物是否置於密蓋之廢料桶內？ 3.衣物用具是否懸掛或存於指定處所？ 4.物料存放是否穩妥有序？ 5.通風照明是否情況良好？ 6.廠房門窗屋頂有無缺損？ 7.木板平臺地面或階梯是否整潔？			
急救設備	1.急救箱是否堪用？藥品是否不足？ 2.急救器材是否良好？ 3.快速淋洗器是否保養良好？			
人員動作	1.有無嬉戲、喧嘩、狂奔、吸煙等事情？ 2.有無使用不安全的工具？ 3.有無隨地亂置工具、材料、廢物等？ 4.各種工具的用法是否妥當？ 5.工作方法是否正確？ 6.是否有負病者工作？			
綜合評價				

十二、用電安全檢查診斷表

項次	檢查項目	良好	不良	缺點事實	診斷記錄
1	電氣設備及馬達外殼是否接地				
2	電氣設備是否有淋水或淋化學液髒之虞				
3	電氣設備配管配線是否有破損				
4	電氣設備配管及馬達是否有超載使用				
5	高壓馬達短路環、電限器是否良好				
6	配電箱處是否堆有材料、工具或其他雜物				
7	導體露出部分是否容易接近？是否掛有「危險」之際示牌				
8	D.S及Bus Bar是否因接觸不良而發紅				
9	配電盤外殼及P.T.C.T二次線路是否接地				
10	轉動部分是否有覆罩				
11	變電室滅火器是否良好				
12	臨時線之配置是否完全				
13	高壓線路之礙子等絕緣支持物是否不潔或有脫落現象				
14	中間接線盒是否有積棉或其他物品				
15	現場配電盤是否確實關妥				
16	電氣開關之保險絲是否合乎規定				
17	避雷針是否良好可用				

第 二 章

如何盯緊生產交期

1 要嚴格確定生產交期

一、生產交期確定流程

合理利用生產能力的原則，使生產技術準備工作、原材料、外協件等供應時間與數量同出產進度的安排協調一致，避免供應與生產脫節，影響生產的正常進行。確定生產交期的重要內容就是編制產品出產進度計劃。其具體工作內容包括：

1.制定大量生產出廠進度計劃

大量生產的企業，產品品種少，產量大，而且比較固定。因此，這種類型的企業安排產品出產進度，主要是確定各月以至每日的產量。為了滿足市場對各種產品存在季節性的需求，企業可

用庫存量來調節，考慮庫存、生產和銷售諸因素，進行安排決策。

比如，採用平均安排法。平均安排法就是根據年生產總量，進行完全均衡的安排。具體計算方法和步驟是：

(1)分月列出一年有效工作的天數。

(2)求出日產量，根據年計劃生產總量和年有效工作日數進行計算：

$$日產量＝年計劃生產總量÷年有效工作日數$$

(3)根據日產量和各月有效工作日數安排各月的產量。

(4)列出生產日庫存計劃表。

2.制定成批生產出產進度計劃

在成批生產情況下，產品品種較多，少數品種產量大，定期或不定期的輪番生產，產品數量、出產期限的要求各不相同。因此，成批生產企業產品出產進度安排，要著重解決不同時期、不同品種的合理搭配和按季、按月分配產品產量。

合理的搭配產品品種和分配產品產量是一項比較複雜的工作，即使生產的品種不是很多，也會存在多種安排方案。一般都是應用搜索法進行安排。採用搜索法安排產品出產進度的具體方法是：

(1)對企業的主導產品，即經常生產且產量較大的產品，應首先給予安排。在符合銷售計劃要求的前提下，在全年各月份裏都給予較均衡的安排。這樣，可以保持企業生產具有一定的穩定性。

(2)在減少全年產品品種的前提下，盡可能較少同期(一季或一月)生產的品種數，以便在同期內擴大產品批量。對小批生產的產品，組織集中輪番生產，簡單生產組織工作，提高經濟效益。

(3)同類型(同系列)產品集中連續生產。同類型(同系列)產

品，其結構有很多相同之處，大部門零件可以通用，可以組織同類型零件的集中生產，這樣就擴大了生產批量，可提高經濟效益。

(4)需要關鍵設備加工的產品，要適當分散，使關鍵設備和大型設備負荷均勻，新產品與老產品要合理搭配，以保證生產技術準備工作的均衡負荷。

(5)盡可能使各種產品在各季、各月產量，同該產品的生產批量相等或成倍數，以有利於生產作業計劃的組織工作。

3.制定單件小批生產出產進度計劃

單件小批生產企業，產品品種較多，而且是不重覆生產或很少重覆生產的。因此，在這類企業裏，主要是根據用戶的要求，按照訂貨合約來組織生產。但是在編制年度生產計劃時，往往只能肯定一部分訂貨項目，大部分生產任務還不能具體確定，所以這種類型的企業，在安排生產任務時，應注意以下一些問題：

(1)先安排已明確了的生產任務，而對那些還沒有明確的任務，以概略的計量單位(噸、千瓦、工時等)進行初步安排。當各項訂貨具體落實後，可通過季度、月度計劃對原初步安排進行調整。

(2)要考慮生產技術準備工作的進度和符合的均衡，保證訂貨按期投入生產。

(3)要做好設備、人員的生產負荷均衡，爲此，要做好生產能力的核算平衡工作。

企業要根據自己的實際情況，制定準備合理的產品出產進度計劃，保持良好的生產進度，與年度總生產作業計劃合理銜接。

二、生產計劃的變更對策

正常情況下，工廠接到計劃員的生產計劃安排，各客戶訂單特性有以下幾方面因素：計劃排列序號、計劃的工作單號、生產訂單號、成品料號、客戶代號、項目名單、產品型號、特性值、計劃數量、出貨日期、發料情況。

表 2-1　生產計劃表示例 1

序號	工作單號	生產訂單號	成品料號	客戶代碼	項目名稱	產品型號	特性值	數量	出貨日期	發料數

計劃在執行過程中，許多訂單會因為一些外在因素致使計劃變更，主要表現在以下幾方面：

圖 2-1　外在因素致使計劃變更

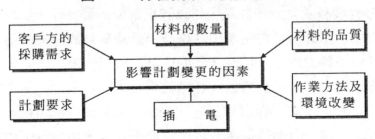

計劃在執行過程中，許多訂單會因為物料或其他因素致使計劃有所變更，變更的項目包括：

計劃的增加、計劃的減少、計劃的提前、計劃的延遲、計劃的暫停、計劃的取消、插單。

表 2-2　生產計劃表示例 2

序	7
工作單號	備
生產訂單號	24501026
成品料號	268118
客戶代碼	63911
項目名稱	A85
產品型號	LP463443ARU
特 性 值	省　略
數　　量	45000
出貨日期	5 月 9 日
發 料 數	50000

9 月 8 日某工廠生產計劃，該計劃為下一個生產準備電池，發料電池 50000 支。

1.計劃的增加

材料發料數＞計劃數量，如果該批電池品質較好，那麼所投電池的成品率高，就會生產出合格品≥計劃數量的成品，這樣一來，就有多餘的成品，這時多餘的成品分兩種情況：①轉入下一批次的計劃中；②申請增加該計劃數量；

第①種情況要保證訂單的可連續性，第②種情況由生產向計劃員提出申請，計劃員根據客戶供貨要求適度增加該訂單的計劃數量，從而保證物盡其用，在合理利用物料節約成本的同時提高了生產效率。

2. 計劃的減少

當所發材料(主要指電池)因為符合要求材料數量不足、品質不良率較高時(即投入材料數<計劃數量)，所生產的成品數量<計劃數量，那麼工廠就會出現欠產問題，這時要採取兩種辦法：①補料生產；②減少計劃。

當倉庫有該物料時可以進行再發料生產以完成剩餘計劃，當倉庫暫無該類物料時，可以採取減少該計劃數量，主要由計劃員依據工廠實際完成數量確定，以規定形式通知各部門負責人。

3. 計劃的提前

在日常生產過程中，一客戶的訂單正按客戶要求在進行生產，但該客戶因其他原因，需要提前提貨，那麼生產線就優先安排該生產訂單，做好生產前相應的物料和人員準備工作，物料到位後立即展開生產，過程中回饋生產資訊，確保在最新的要求時間內完成出貨。

4. 計劃的延遲

計劃延遲又稱計劃推遲，指一些訂單因出貨要求不急或接到客戶方延緩供貨要求，推遲了原議定的交貨日期，或是在特定情況下，如完成的成品電池特性值不符(如容量測試不合格等)，計劃部會通知生產線延期生產。

5. 計劃的暫停

在生產過程中，客戶因其他原因，突然要求暫停生產該訂單，對於暫停生產的訂單，要做好相應的物料管理工作，把此類訂單的物料隔離放置，做好標識便日後恢復生產時重新投入使用。

6. 計劃的取消

在生產過程中，客戶因其他原因，突然要求取消生產該訂

單，計劃部就通知生產線取消該生產計劃。例如：計劃部以郵件形式通知生產線取消的生產計劃。

7.先進先出

公司為了保證正常生產和銷售的連續性、均衡性，需要保有一定的庫存，如何在保證生產和銷售的連續性和均衡性的前提下，確定一個合理的、經濟的庫存量，是公司物料庫存管理的一個重要課題，材料使用的第一原則就是先進先出，這是防止品質產生混亂，保持良好的可追溯性的先決條件之一。

先進先出是按照材料製造的先後順序使用材料，即先製造的材料先用，後製造的材料後用。

材料的使用之所以要遵循該原則，是出於以下原因：受保質期的限制，確定不良對策線索時需要，品質改善時需要。

先進先出時注意事項：

①明確標識材料擺放位置。

②按材料製造日期的先後順序擺放好。

③發現前工序送貨混亂時，立即質詢，未得到合理解釋或技術證實之前，不得使用。

④特殊情況下無法遵循先進先出時：

(1)當舊材料(製造日期先)出現不良，而新材料(製造日期後)為良品時。

①立即集中線上庫存、倉庫庫存的舊材料，做上明顯標識，按技術部門的指示處理。

②區分新材料，必要時作出廠號碼管理。

(2)出於品質對策需要，該材料與另外一種材料需要配對使用時。

①就配對方法向所有相關人員講明要點/實施時間/數量。

②區分配對使用的對象，必要時做出廠號碼管理。

⑶材料試做時

①試做期間，暫停投入正常材料，對試做對象逐台做上相同標識。

②試做剩餘材料立即全部回收，標識後封存好，不得投入。

⑷材料特採時

①記錄特採的理由、數量、日期等相關資料，做出廠號碼管理。

②在指定的台數內或指定的期限內用完特採材料。

2 先制定生產計劃步驟

主管接到生產通知單後，是否做生產到位前的準備？將直接關係到一個班組生產計劃目標的落實，產品的品質、產量的提高。如何才能做好生產前的準備工作呢？

1.進行調查研究並收集資料

確定編制生產計劃依據，主要有以下幾個方面：

⑴查看──當日生產產量及近階段的生產平均日產量；

⑵瞭解──近期的人員變動情況；

⑶計算──生產計劃中是否有新產品及該產品的大致產能；

⑷檢查──所有產品的生產技術有無變更。

(5)對比——近期生產進度表及原因分析表。

(6)點檢——4M1E 的情況。

2. 總結上期經驗和教訓

此外，在收集資料的同時，認真總結上期計劃和進度執行的經驗和教訓，研究在生產計劃中如何保質保時保量的完成生產任務。

3. 初步選擇生產計劃指標

統籌安排、初步選擇生產計劃指標。應著眼於更好地滿足公司需求和提高生產的經濟效益，對生產作業任務作出統籌安排。其中包括：

(1)確定定量指標。

(2)合理安排產品生產進度。

(3)完成企業分解到班組的生產指標。

(4)合理搭配相近的產品品種的生產。

4. 品種搭配

單品種生產的企業，在確定了產品總產量和各期產品產量以後，就可以著手編制生產作業計劃了。但是，對於多品種生產的企業，則需要決定在某一生產時期內，把那些品種的產品安排在一起生產，這主要應考慮幾個方面的問題：

(1)對經常生產和產量較大的產品，要考慮安排生產，在保證市場供應和滿足顧客定貨的前提下，儘量在全年各季度、各月份安排均衡生產，以保持企業生產過程的穩定性。

(2)對於企業生產的非主要品種，組織「集中輪番」生產，加大產品生產的批量，完成一種產品的全年生產任務以後，再安排其他品種的生產，以減少設備調整和生產技術準備的時間和費用。

(3)複雜產品與簡單產品、大型產品與小型產品、尖端產品與一般產品，在生產中應合理搭配，以使各個工種、設備以及生產面積得到充分的利用。

(4)新老產品的交替要有一定的交叉時間，在交叉時間內，新產品產量逐漸增加，老產品產量逐漸減少，以避免齊上齊下給企業生產造成大的震動，這也有利於逐漸培養熟練工人，提高新產品生產的合格率。

5. 綜合平衡並確定生產計劃指標

綜合平衡，確定生產計劃指標。把需要同可能結合起來，將初步提出的生產計劃指標同各方面的條件進行平衡，使生產任務得到落實。

綜合平衡內容主要包括：

(1)通過平衡生產任務與生產能力，測算企業設備，生產面積對生產任務的保證程度。

(2)通過平衡生產任務與生產技術準備，測算產品試製、技術準備、設備維修、技術措施等與生產任務的適應程度。

(3)通過平衡生產任務與人員和物質供應，測算人力、主要原材料、動力、工具、外協件對生產任務的保證程度及生產任務同材料消費水準的適應程度，達到以下四個最小化的原則。

①生產製造可變成本最小化；

②生產線佔用時間最小化；

③生產線上半成品庫存最小化；

④生產訂單完成時間最小化。

生產計劃是根據企業生產需要和生產能力，對生產作業的各個環節進行考慮和安排，它對於企業生產非常重要，尤其對於制

造型企業和加工裝配型企業來講，編制生產計劃的內容更多，要求也更高。以服裝廠如何制訂生產計劃爲例：

圖 2-2　服裝廠生產計劃流程示意圖

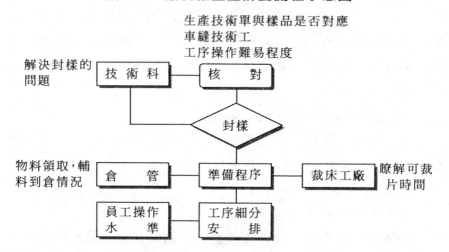

主管在制訂生產計劃時，最好訂兩種或兩種以上的方案以供選擇：

方案一──流水作業生產

每人完成一到二道固定工序有利於產量、品質的加速進步和提高，這樣就要求盡可能細分工序，對每人的工序相對固定，一包裁片從第 1 道工序道道流到最後 1 道工序，進行大流水組合。一般情況下，不能搞班中有班，組中有組的流水線安排。由於一工序影響另一工序的流動，出現或多或少現象，必然出不了多大的成品，只有各工序生產產量差不多的才是生產流水。

方案二──分色分碼生產

裁片是一包一包從頭流出成品，就要求一個顏色一個碼一個碼流水。不允許流水線上有任何顏色、任何碼生產，要麼只有一

個顏色一個碼，要麼是前後段一個顏色一個碼在轉碼或轉色中。目的是不串碼、不飛色，減少因此造成的不良品。

6.生產計劃表

表 2-3　2009 年 10 月份生產計劃表

本月份預定工作數＿＿＿日

生產批號	1.020	2.020	3.020	4.…		5.…	6.…	7.…
產品名稱	玫瑰系列 女式上裝 S		玫瑰系列 女式上裝 M			玫瑰系列 女式上裝 L		
數　量	500		1000			500		
金　額								
製造單位	A 班		A 班	B 班		A 班		
製造日程 起			3	6	10			
止			5	9	13			
預定出產日期	14/6		14/6			14/6		
需要工時								
估計成本 原料								
物料								
工資								
配合單位	預備組		質檢組			包裝組		
工　時	3×5		2×3			7×3		
預計生產目標	產值		總工時			每工時產值		
估計毛利	附加值		製造費用 26000			估計毛利		

3 規劃你的企業產能

　　企業對於生產的人力、財力、物力等方面的資源都是有限的。生產資源的優化配置，一方面，對於一定數量的人力、物力、財力，要將其在生產中合理安排、充分利用，以保證取得最大的經濟效益(效益最大)；另一方面，對於一定的生產任務，要通過科學合理的安排，保證用最小的消耗去完成(成本最小)。

　　一般來說，企業的生產能力規劃分三種：長期生產能力規劃為 3～5 年；中期生產能力為 1～2 年；而短期規劃則是 1 年以下。

一、什麼是產能

　　產能就是指一個企業的生產性固定資產，企業在一定時期(年、季、月，通常是一年)內，在一定的技術條件下，所能生產的某一特定的種類和某一特定的品質水準的產品的最大數量，它是反映生產可能性的指標。

二、影響產能的因素

1.固定資產的數量
固定資產的數量包含兩個方面的內容：

一是指設備數量：主要指能夠用於生產的總設備數，包含①正在運行的機器、設備；②正在和準備安裝、修理的設備；③由於生產任務不足等其他不正常因素而暫時停用的設備。但是其中不含：不能修復決定報廢的設備、不配套的設備、企業留作備用的設備以及封裝待調的設備；另外在計算企業的產能時，還要注意：輔助工廠如有與基本生產工廠相同的設備，如果其不參與企業的基本生產，則不參與企業基本生產工廠生產能力的計算。

二是指生產面積數量：生產面積只含廠房、其他生產性建築物面積，不含非生產性房屋、建築物和廠地面積。

2. 固定資產的工作時間

固定資產的工作時間包含以下幾個方面：

制度工作時間：在規定的工作制度下或計劃期內的工作時間：

年制度工作日數＝全年日曆日數－全年節假日數；

也就是 365 天 － 114 天 ＝ 251 天

年制度小時數＝年制度工作日數×每日制度工作小時數 f

一班制：f＝8h(2008)

兩班制：f＝15.5h(3890.5)

三班制非連續設備：f＝22.5h(5647.5)

有效工作時間的三個公式：

⑴設備有效工作時間＝制度工作時間－扣除設備修理、停歇時間後的習作時間數

⑵設備年有效年制度每日制度設備計劃

工作時間＝工作日數×工作小時數×利用係數

⑶生產面積有效工作時間＝制度工作時間

3. 固定資產的生產效率

設備的生產效率也是從兩個方面來看的：

(1)根據固定資產設備數量來看，設備的生產效率包括產量定額和時間定額，產量定額即單位設備、單位時間生產的產品產量，而時間定額則指製造單位產品耗用的設備時間。

(2)根據固定資產的生產面積數量來看，生產面積的生產效率可以則需要衡量單位面積單位時間產量定額及單位產品生產面積佔用額和佔用時間。

總之，設備與生產面積越多，工作時間越長，生產效率越高，則生產能力也越大。

4 如何確定生產週期

一、作業要排序

臺灣的週期性生產類型的生產組織，其形式是技術專業化，工廠往往就是生產過程中的某個技術階段，每個零件在工廠內要經過某幾個工序的加工。

工廠的作業計劃中工件加工的排序問題是一個難點，其難處在於零件種類多，加工的技術流程和加工工時差別較大。一般採取重點管住關鍵零件和關鍵設備的方法。

要談到生產週期就不可避免地要瞭解生產作業的排序情況。

零件加工排序情況基本是以下幾種情況：

1.多個工件只用1台設備加工——隨機排序法

這是最簡單的排序問題，只要按如下規則排序就可以了。

如：ABCDE 五個工件在一台設備上加工

步驟：

(1)其加工排序爲：ABCDE 或隨機均可

(2)要瞭解他們的生產週期就很簡單

(3)只要將他們的加工時間相加就可以了，即設備：

設備1A＋設備IB＋設備1C＋設備1D＋設備1E＝2＋6＋5＋4＋3＝20分鐘

表 2-4　多個工件只用1台設備加工時間表

工　件	時間(分鐘)
	設備 1
A	2
B	6
C	5
D	4
E	3

2.多個工件需經過二台設備加工——最小排序法

這種方法適用於：多個工件經過有限台數設備的加工，並且所有的工件在有限設備上加工次序相同。爲了便於闡述這種方法的具體做法，下面結合一個例子來進行說明：

例：有五個工件要在三台設備上加工，這幾個工件的加工順序相同，需要先由設備1加工，後由設備2加工，再由設備3加工，工時列於下表中，用最小排列法來排序。

表 2-5　多個工件需經過二台設備加工時間表

工　件	時間(分鐘)	
	設備 1	設備 2
A	2	5
B	6	3
C	5	7
D	4	4
E	3	6

步驟：

(1)取出最小工時設備 1A＝2，如果這一工時是第一工序，可最先加工；否則，就放在最後加工。此例是 A 工件第一道工序時間，按規則應該排在先加工。如表 2-6 所示。

(2)將該已排序工作刪掉。如表 2-7 所示。

(3)對餘下的工作重覆上述排序步驟，直至完畢。此時設備 1E＝3，E 工件第一工序時間最短，最先加工；設備 2B＝3，在剩下的工件三個工序時間最短，排在餘下的工件中最後加工。如表 2-8 所示。

表 2-6

工　件	時間(分鐘)	
	設備 1	設備 2
A	2	5
B	6	3
C	5	7
D	4	4
E	3	6

表 2-7

工　件	時間(分鐘)	
	設備 1	設備 2
A	2	5
B	6	3
C	5	7
D	4	4
E	3	6

表 2-8

工　件	時間(分鐘)	
	設備 1	設備 2
A	2	5
B	6	3
C	5	7
D	4	4
E	3	6

(4)最後得到的排序為：A－E－D－C－B。整批工件的停留時間為 23 分鐘。

生產週期＝設備 1A＋設備 1B＋設備 IC＋設備 ID＋設備 1E＋設備 2E(後一道工序的最短時間)＝2＋6＋5＋4＋3＋3＝25

因此，生產該批工件的週期為 23 分鐘。

3.多個工件在三台設備或三台以上的設備上加工

設備數量越大，其優化難度也隨之增大。在三台設備上加

工，當滿足一定條件時有優化方法。

步驟：

⑴如果多個工件的加工順序相同，且滿足以下兩條件中的任何一條，可採用最小排列法：

多種零件在有 m 台設備的工廠內加工，每種零件加工所需要的設備數可以是不同的，加工的順序也可以不同，要求排出效果盡可能好的工件加工次序。

⑵目前對這個問題的研究所取得的成果只能解決少數特殊條件下的排序問題，其思路是先確定一個優化目標，再尋求解題模型。通常取一批加工任務在工廠內停留時間最短的為優化目標。

二、週期性生產類型的產品週期

通常確定生產間隔期和批量，有「以產量定週期」、「以週期定產量」兩種方式：

1.以產量定週期法

假設平均日產量不變，則有多少批量就可以知道有多長時間的生產間隔期，同時也可以知道，有多長的生產間隔期就有多少批量，二者互為因果關係。這個方法比較簡便，即先根據綜合經濟效果確定批量，然後推算生產間隔期，對間隔期做適當的修正後，再對批量做調整。

2.以週期定產量法

這個方法的思路是先確定生產間隔期，再推算出批量。按照產品零件的生產複雜程度、價值的高低、體積的大小等來確定各個零件的生產間隔期，再根據生產數量推算出批量。

　　首先根據生產流程，確定各技術階段的生產週期，然後以此為基礎，確定產品的生產週期。

　　例如，對機械產品而言，生產週期構成如下圖所示。其中，每個技術階段的生產週期包括：基本工序時間、檢驗時間、運輸時間、等待工作時間、自然過程時間、制定規定的停歇時間。

圖 2-3　生產週期、保險期、提前關係示意圖

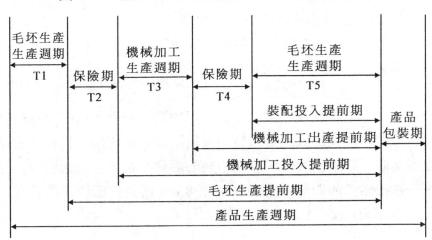

　　此外，加工一批產品時，製品在生產過程中的移動方式對生產週期也有直接影響。

三、要確定生產提前期

　　生產提前期是指一批製品(毛坯、零件、產品)在各技術階段投入或出產的日期比成品出產日期提前的天數。主要包括投入提前期和出廠提前期。

　　生產提前期和生產週期有十分親密的聯繫，是以產品最後出

產時間為基準，按反技術順序，在確定了各技術階段的生產運作週期的基礎上確定的。計算公式為：

$$D_{出} = D_{後投} + T_{保}$$

$$D_{投} = D_{出} + T$$

式中：

$D_{出}$——某技術階段的出產提前期；

$D_{投}$——某技術階段的投入提前期；

$D_{後投}$——後一技術階段的投入提前期；

$T_{保}$——兩技術階段之間的保險期；

T——該技術階段的生產運作週期。

但必須注意的是，當生產運作間隔期不同時，如前一技術階段生產的一批製品數量可供後一技術階段幾批使用，則確定生產提前期時，還應該考慮間隔期不同的影響。設某一技術階段和其後一技術階段的間隔期分別為 R 和 $R_{後}$，則上式應修正為：

$$D_{出} = D_{後投} + T_{保} + (R - R_{後})$$

心得欄

_____

_____

_____

_____

_____

_____

5 徹底執行生產計劃流程

一、使用甘特圖跟蹤計劃的實施過程

　　甘特圖(Gantt chart)是在 20 世紀初由亨利‧勞倫斯‧甘特開發的，它基本上是一種線條圖，用橫軸表示時間，縱軸表示要安排的活動，線條表示在整個期間上計劃的和實際的活動完成情況。甘特圖可以直觀地表明生產任務計劃在什麼時候開始，什麼時候進行，以及生產的實際進展與計劃要求的對比。甘特圖作為一種有效的控制工具，可以幫助主管們發現實際進度偏離計劃的情況。

1.甘特圖的特點

　　簡單、明瞭、直觀，易於編制，是甘特圖的優點，從上個世紀 20 年代以來到目前為止仍然是完成工作任務或小型項目中最常用的工具之一。即便是在大型工程項目中，它也是高級管理人員瞭解全局、基層各部門管理者安排進度時有用的工具。

　　因為在甘特圖上，可以看出各項任務或活動的開始和終止時間。繪製各項活動的起止時間時，我們要考慮它們的先後順序。

　　不足：但各項活動上間的關係卻沒有表示出來，同時也沒有指出影響項目壽命週期的關鍵所在。因此，對於複雜的項目來說，甘特圖就顯得不足以適應。

2.甘特圖的作用

甘特圖可以用來計劃工作任務或項目的完成時間(Gantt Planning Chart)、跟蹤工作任務或項目推進的進度(Gantt Progress Chart)、測定班組、團隊中每位成員的工作負荷(Gantt Load Chart)。

3.甘特圖製作的步驟和要點

(1)將工作任務的各個內容從第一階段至最後一個階段在頁面的左側從上向下排列

(2)在底部橫向寫出任務執行的時間範圍,從開始時間到完成時間。

(3)從第一階段的起始日至預計完成日畫一箭頭記號。

(4)為其餘的每一階段畫矩形;確保每個獨立階段都可以在上一階段完成時或完成之後開始。

(5)對每個獨立的階段根據該段工作的負責或監督人員的意見畫出時間估計的矩形。

(6)根據需要調整時間估算,以便整個項目在期限日或之前完成。

(7)適當時加入重大事項的備註說明。

(8)向相關的人員和班組成員展示該計劃圖以獲取他們的回饋資訊。

(9)根據討論的實際需要對甘特圖進行調整。

二、跟蹤生產計劃實施過程中的重點事項

1.做好調度日工作重點

調度日工作重點主要根據當日作業計劃和作業指標圖表進

行。在穩定生產的前提下，要集中精力，突出解決影響生產的重大問題。如有必要，可召開班前調度會，介紹前一班生產情況或前日的生產狀況以及當班任務，明確要達到的生產目標和要採取的具體措施，並由當班調度組織兌現。特別是在上一班生產不穩定或出現事故而沒有完成計劃，且問題還沒有徹底解決而影響本班任務完成時尤為重要。

在這種情況下，儘快處理事故、解決問題、恢復正常生產，就成了當班分配和調度工作的當務之急。

例如乳製品廠生產工廠交接工作表。如表 2-9 所示。

2.做好生產計劃完成情況預報

生產計劃完成情況預報是指將實際生產計劃進行對比，作出能否完成、是超產還是欠產的預測。要求做到：

通過生產技術工程的全面瞭解，指出生產是均衡還是波動；生產效率是提高還是下降；設備、人員、場地的利用情況等。以某手機電池生產廠為例，生產過程中要掌握：

⑴物料管理

①生產物料：單位時間某種物料的需求＝單一產品單件成品對該物料的需求×單位時間該產品的計劃量×損耗係數(多型號共同使用該物料時為各型號之和)；投料方式：分時間段批量投料(如鋰□)、連續型批量投料(如膠布、電解液等)一對一投料(電池、蓋板、晶片等)

②輔助物料：如勞保、清洗劑等：勞保數量的計算方法：需求量＝某崗位員工數量×該崗位一名員工對此種勞保需求數量/該勞保的使用週期。清洗劑的用量則要根據實際情況定。大多清洗劑是危險化學品，採用少量多次的發放方式。

表 2-9 交班工作表

日期：2007 年 6 月 1 日

<table>
<tr><td rowspan="3">接班
情況</td><td colspan="9">計劃開兩線袋裝，ac 線。今天 22：30 下班，明天白班培訓後直落上中班。Wilson 要求傳達空罐卡板要拖到原北邊牆邊放置。Tony 班前會反映白地長黴，EB 達 5000 以上。</td></tr>
</table>

生產 計劃	罐裝	目標產量：CS	箱	袋裝	目標產量：CS	箱	
	單號	品種	規格	單號	品種	規格	機台
				4468	EFGA＋	400g	A，C
				4482	EFKA＋	400g	A，C

配料 進度	罐裝目標：4000kg/hour			袋裝目標：6000kg/hour		
	單號	品種	規格	單號	品種	規格

備料狀況	
有無缺勤人員	無
人員服裝儀容管理	OK
工作指導	
生產啟動	
作業是否依照標準	
表格檢查	
工具是否正常使用 及保養	
機器狀況	A 機斜輸送帶不能開啟，工程用 B 機的代替生產。C 機產品輕微打折，通知 IPQA 及工程，機手自行調整
品質狀況	
上級指示	
下屬反映問題	鞋櫃鎖壞。發現新攪拌與袋包裝漏斗間的門下部被撞凹變形。已寫維修單交工程。
目標及生產進度的 完成狀況	罐裝　　　　　　　　　　　袋裝
下班工作的準備	夜班不生產，留粉明日白班生產兩線袋裝。
交班內容	4468#21 批一包中熱脫脂破包在 4482#第 38 批取一包代替。

⑵**設備管理**

①這裏設備包括：機器、夾具、臺面、輔助簡易工具(如刀片)等，做好設備計劃可提高設備利用率。

②設備需求數量計算公式：機器數量＝單位時間計劃量/(單位時間設備產能×設備利用率)

③夾具、臺面、輔助簡易工具(如刀片)按照所需人員數量配置。

⑶**人員管理**

①人員數量計算方法──以設備生產為主崗位需人員數量＝需設備×單台設備需人員數量

②以手工生產為主崗位需人員數量＝單位時間計劃量/人均單位時間產能

⑷**操作方法管理**

主手工操作、簡易夾具操作、設備操作、自動化設備生產模式等

⑸**環境管理**

一個合適生產場所才能保證生產的順利進行，光、氣、電等缺一不可，現在大多數生產場所還有除濕、無塵、防靜電等要求。

3.**掌握生產發展趨勢**

通過對各生產要素的條件變化和發展趨勢的調查瞭解，指出對生產是有利還是不利；是發展提高還是後退滑坡，以及可能解決的程度。

以某化工廠為例，其產品是根據其溫度的變化而發生反應的。因此作業人員需要隨時記錄各個時期的溫度，並按照曲線的走向決定產品終點的時間。

以服裝廠為例,在確定的定額產量下,主管要學測工時,儘量將工作在定額的時間內完成。如果完成不了定額產量,就會影響交期,而交期不可更改,所以作為主管就需要調節工序組合,動腦筋提速或者延長加班時間完成生產計劃。一邊抓生產,還要監督一邊班組檢驗員的工作品質。儘量要將當天的成品在當天返修完,不造成積壓,為整個工廠生產留足生產時間。因為雖然一個工序的工作完成了,但是這時如果另外一個工序的工作還沒有完成,這批貨仍然出不了。

比如:車縫完成了,但是整燙包沒有完成,肯定出不了貨。因此,車縫班組就需要留足後道工序的生產時間,這是最簡單的道理。同樣,其他工序也是如此,如果沒有整燙好,就無法進行產品的包裝。生產的各個環節是環環相扣的。

另一方面,主管應該監督班組檢驗員完成檢驗的成品品質,看檢驗過的成品是否合格?主管需要不定時抽查監督其完成的檢驗品質,通過互相監督,以避免問題流失到檢驗部門或客戶的手中,並及時發現並改正發生的問題。

掌握生產規律:根據以往的經驗和教訓及有關數據的統計分析,找出各種生產因素與生產活動間的因果關係。結合當前的生產條件和可能,掌握在什麼情況下生產容易反常,或向有益方向發展,或容易出現問題,對各生產環節都有什麼樣的影響,以及所應採取的對策等。

如:加強半成品和成品品質的管理。不但時時抽查半成品、成品品質,同時對於組檢員、巡檢員提出的品質改正意見重視落實,千萬不能說過等於做過,重在落實檢查是否已改好。

生產計劃的落實存在很多可變因素,常造成某個班組或部門

完成不了，要相互調節，互幫協作解決，當出現這樣的情況，調動一切可調動的力量，發揮集體精神，暫時放棄班組或部門利益，把定單完成，成為養兵千日，用兵一時，人人衝鋒在生產一線。

4.做好生產趨勢預報

生產趨勢預報是在掌握大量的關於生產數據的前提下作出的。即在掌握了各生產環節及生產計劃完成情況、設備狀況，摸清潛在的問題和有利因素，經過動態分析，提供近期內(一般如此)產量，品質升降的預報和資料。

6　確保生產交期的溝通方式

在任何企業中，沒有溝通，就沒有管理。溝通就是人與人之間的思想和資訊的交換，是將資訊由一個人傳達給另一個人，逐漸廣泛傳播的過程。

「溝通是把一個組織中的成員聯繫在一起，以實現共同目標的手段」。溝通不良幾乎是每個企業都存在的問題，在生產中由於溝通不良導致的問題比比皆是。溝通在生產過程中就如人的血脈，如果溝通不暢，就如血管栓塞，其後果是可想而知的，所以我們必須採取有效的溝通來確保生產順利進行。作為一名主管在生產過程中，有著太多需要與人進行溝通的地方。但同時，我們也需要根據企業自有的一些規律來進行溝通與協作，並最終確保產品的交期。

一、確保生產交期溝通流程

在生產過程中，由於生產現場情況變化迅速，作爲主管應該時時注意與各個相關人員隨時進行溝通，並儘快獲得回饋，以助於形成準確的判斷，及時作出正確的決策。因而，就需要儘快地建立起這個頻繁、有效的溝通網路。

在整個生產過程中，主管多與相關人員進行溝通。

生產作業計劃是企業生產計劃的具體執行計劃，是生產計劃的延續和補充，它對保證企業實現均衡生產，按期、按量、按質地完成生產計劃，及時提供適銷對路的產品，滿足市場需求，提高企業的生產效率和經濟效益都起著非常重要的作用。生產計劃的完成不僅僅是一個部門或者一個班組的事情，作爲生產計劃的具體工作管理者，具備較強的溝通能力，以應對生產過程中的各種變化和要求，是主管在生產計劃管理能力中的重要部分。

生產作業計劃一般是將企業生產任務分配到各工廠，編制各工廠生產作業計劃，然後由工廠再分配到工段、班組直至每個職工，編制工廠內部生產作業計劃。

二、瞭解工廠運作方式

主管是工廠最基層的管理幹部，將無法回避工廠管理的細節，我們可以通過解析以下調查表格的設計與操作，可以儘快瞭解產品從接單到生產再到出貨的整個過程。

對主管或生產計劃部門主管來說，以上兩份資料是非常基本

的，它應該像一份手冊一樣的方便你去查找和受用。而如果你是一位新手初涉跟單、生產計劃部門工作，則以上資料可讓你儘快進入角色。而如果你所在的公司原來沒有這份現成的資料，那些人都只是靠經驗、靠「大致」來做事，那麼正好，你將跟單、生產計劃部門的工作標準化，弄出這樣一個標準也算你功德無量！

部門職能調查：計劃功能、派車、採購等等是那個部門，是誰在負責？你不妨按下表進行：

表 2-10　產品生產技術流程調查表

序　　號	工作職能	負責部門	負　責　人	部門負責人
1	生產排程			
2	物料計劃			
3	派　　車			

表 2-11　產能調查表——各機台標準產能

序　　號	產　品　名	產品代號	機　　　台						備　　註
			A	B	C	D	E	F	

或有《各機種生產工時標準》如下：

表 2-12　各機種生產工時標準

序　　號	品　　名	產品代號	生產每只產品之標準工時	備　　註

三、掌握各部門職能

主管首先要瞭解製造部的運營知識：

工廠管理的所有問題，諸如來料不良、設計問題、生產設備問題、物料短缺，以及時間耽誤等等，往往都最後彙集到製造部裏來，一次性地與主管「算賬」。

出貨日期對前部門似乎都是「彈性的」，而對製造部卻絕對是「沒有退路」的。於是，製造部所遭遇的將是兩面受敵！

表 2-13　各部門職能表

部　　門	職　　能
業　務　部	市場調查與分析，新產品促銷活動。客戶開發及管理，接訂單及出貨安排進出口運輸處理，售後服務接洽。數據：營業額，交貨遲延率，退貨率。
生　管　部	協調出貨計劃，分析產能負荷。制定月、週生產計劃，控制生產進度跟催物料採購及倉庫備料進度。 數據：產品完成數、計劃達成率、停工待料次數
開發技術	產品開發設計、樣品試做零件設計。產品改良設計，模具夾治具設計。耗材表(BOM)制定與維護，量產(批量生產)導入。作業流程及作業標準制定。現場生產異常及品質不良處理。作業及品質改善與提升。作業及動作研究、制定標準工時。 數據：新產品完成件數，標準規範完成件數。
財　務　部	應收賬款。應付賬款。產成品成本核算。一般會計。資產負債表、損益表。年度總預算及財務調度。收支管理。大額支付款項審查
設　　備	廠房、設施的施工、維修、保養。工廠供電設備管理。升降電梯、空壓機等設備之管理、保養及維修。水、電、氣的配置及檢修。

續表

採購部	直接材料及輔助材料的採購及跟蹤到位,雜項物料採購及跟蹤到位,生產進度配合。供應商評核及新供應商的開發。 數據:採購金額,交貨遲延率,退貨率
品質保證: 品管部、 品保部	進料檢驗與測試,制程品質管制。成品品質管制,品質改善與跟蹤供應商輔導。 數據:品質成本,不良率(進料檢驗,制程檢驗),工程改善,客戶抱怨(退貨)
行　政: 人事部、 總務部	員工招募及解聘處理,員工出勤管理與考核,教育訓練計劃及實施,員工定期考核與升遷建議,其他人事業務,員工衣、食、住、行管理,廠服、食堂、宿舍、交通運輸工具,工廠環境衛生管理:廠區、廁所、大門,工廠財產及人員安全管理。 數據:公司總人數,缺勤率,流動率。
物料部: 物　控、 物料倉、 成品倉	依制單分析物料需求。依物料需求提出申購計劃。協調採購進料計劃及控制進度。進料進度提供生管配合生產計劃。收發料管理,消耗材管理及安全存量管制。倉庫管理,料賬管理。 數據:存貨數量、存貨週轉率、呆滯品金額。
製造部	人員管理,教育訓練,機器設備保養。生產進度控制及調整,物料控制。效率改善,品質改善,安全管理,整理整頓。 數據:產量、效率、品質不良率、交期達成率。

1.班組管理基本目標

擒賊先擒王,只有抓住重點才能使我們提升效率。在生產部來講,其主要而基本的管理目標有三個:

(1)工時降低:人員投入要少,生產效率要高。

(2)損耗降低:不良品要少,物料及機器的損耗低。

(3)輔料降低:輔助物料消耗低。

如果我們能夠把那些繁雜的事項簡單化去抓以上三個主要

方面,我們就有希望有效而節約精力地做好我們所要做的。

2.班組管理特點

(1)人員素質相對較雜。

(2)人員素質相對較差。

(3)人數多,管理比較瑣碎、具體。

(4)工作性質比較沒有創造性。

(5)交期急,時間緊,往往沒有餘地。

3.工時管制技巧

工時管制在製造工廠來說,很重要,直接關係到產品成本。而尤其在勞動密集型企業,其利潤的重點也就在工時管制上面。

因此,工時管制是老闆賺錢的重要工具!

(1)工時標準制定。

沒有工時標準,就無法考核和批評生產部的人。作為生產部主管,沒有工時標準也便無法去考核和批評部下,進而也就無法推動部下和提升產量。有了工時標準,我們才能說他是快或是慢。因此,使用工時標準好似主管手上有一把寶劍,他可以憑此對下級幹部進行興師問罪。

有的工廠根本沒有工時標準,有的工廠雖有但沒有其權威性而等於無,結果是,主管每天都在抱怨或責備部下生產效率低下,管理不力,而部下則在無標準情況下不以為效率低下,或隨便找理由搪塞過去,這樣吵吵嚷嚷,到底是效率低下與否,不得結果。

運用工時標準的方法和好處是:

①用工時標準去檢討目前的生產效率,其簡單道理是:昨天可以做 500 件產品,那麼今天也可以做到,否則就是效率下降。

②有了工時標準我們就可以進行生產計劃,提前預估或準確

計算交期。

③有了工時標準就可望以此做依據對員工或部門主管進行獎懲，以提升生產效率。

制定工時標準的方法是：

①用碼錶測量中等程度作業人員在各環節工作中的時間耗用量並記錄下來匯總合計即得。

②用現有平均生產水準爲標準推算。

③通過分組比賽評獎去獲得較高的生產率水準然後再來推算出工時標準。

(2)個人產能統計。

(3)小組包幹部計件。

(4)個人計件。

(5)時段產能控制與檢討。

表 2-14　生產線產量看板

課組　　　　　　　　　　　　　　　　日期：　月　日

時　　段	機　　種	目標產量	實際產量	差異%	主管確認
8：00～10：00					
10：00～12：00					
13：00～15：00					
15：00～17：00					

上面所列的是生產線產量看板，其針對的缺失問題是：

①一方面生產線上的員工說笑聊天，另一方面每天或每週的產量(效率)檢討會議上主管們又常常爲生產率太低而爭吵不休，這種時間拉得太長的方法爲時已晚，於事無補。

②生產主管未能在生產的過程中管制實際生產，無法有效參與和干預基層(班組)的生產效率提升。

③高級主管到現場無法看到當時的生產線之生產效率。

④主管無明確的管制目標，不能及時看到自己線上的效率與目標的差距。

其主要特點和作用是：

①要先注重每個時段的產量控制，克服時間拉得太長的「事後驗屍」。

②把產量控制的責任往基層幹部(主管)身上壓。

③實際產量與目標產量(標準產量)的差異超出某個設定值時基層幹部必須立即向上級主管報告。

④必要時設立獎懲制度，有數據管理依據。

4.制損管制及輔料管制

(1)扣款制度。

(2)個人統計：能否落實到個人？

(3)小組統計。

(4)用量標準制定。

5.工時轉嫁制度

製造現場是整個工廠的中心，也是輸出終端，因此，整個工廠所有部門各自的工作缺失最後都會堆積到生產部來，於是，工時轉嫁制度可以讓相關的部門承擔起自己的責任，各部門所造成的轉嫁工時的多少，正是其管理績效的體現。

建立工時轉嫁制度的好處還有：製造部常常會像一個嬌慣孩子，今天可能埋怨說是零件品質不良造成他的工時浪費，而明天可能說怪倉庫將物料發混。他所說的那種情況確實有過，但並不

構成每一次的理由，於是工時轉嫁制度讓他能夠但也只能用數據說話，而不必爭爭吵吵。如果你是製造部的高級主管，你就可以用工時轉嫁制度去堵住你那些部下的推脫之口，從而讓他乖乖完成你給他的任務！

表 2-15　工時轉嫁單

原因及工時預估： 　　　　　　　　　　責任者確認：　　　　　　提出者：
責任判定： 責任單位： 　　　　　　　　　　裁　　　決：　　　　　　建議者：
實際工時統計： 　　　　　　　　　　責任者確認：　　　　　　統　　計：

6. 產品制程分析

(1)產品的制程分成多個工序，並畫成程序圖，然後再研究各工序是否可以消除，合併或簡化。

(2)定案的流程圖考慮使用那些機器設備。

(3)那些工序需要那些物料，物料如何供應。

(4)每個工序的標準產能(標準工時)設定。

(5)經制定的標準產能即可計算出所需人力的多少及場所使用的大小。

(6)隨著訂單之增加，依生產量的多寡來計算人力負荷、機器

負荷及場所負荷，就可得知，各工序所需之場所大小。

廠房是生產產品，在產品的生產過程中需要使用工作流程圖並進行分析才能掌握更準確的使用及配置地點，以減少人員及物料在廠內不必要的流動。

四、生產交期的協調

首先讓我們瞭解一下生管部的工作職能，站在主管的角度如何瞭解產供銷協調操作的方法。

步驟 1：協調銷貨計劃

要點：對銷售部門接到的訂單能協調出一個較為合理的年度、季度、月度銷貨計劃；對銷售部門隨意變更生產計劃、緊急加單或任意取消單能進行適當的限制、生產部門間的溝通與協調。

步驟 2：制定生產計劃

要點：根據產能負荷分析資料，能制定出一個合理完善的生產計劃，對生產訂單的起伏、生產計劃的變更有準備措施，預留「備份程序」。

步驟 3：控制生產進度

要點：能準確地控制生產的進度，能對物料控制人員做好物料進度的督促。平衡、調整各工廠生產計劃。

步驟 4：督促物料進度

要點：當生產進度落後時，能及時主動地與有關部門商量對策，協商解決辦法，並採取行動加以補救。

步驟 5：分析產能負荷

要點：在訂單超過產能時提前計劃。

步驟 6：生產數據統計

要點：產能分析，銷貨計劃的統計，物料進度的統計，出貨的統計以及其他有關的統計。

步驟 7：生產異常協調

把相關生產執行部門串接起來，協調處理異常問題。生管管制目標要點是客戶訂單如期出貨也就是交期達成率，還有生產物料及時上線以及優化的流程任務安排保證人員與設備等等的高效利用。

1.瞭解交期不準的症狀、原因及對策

經常我們遇到的症狀是成品積壓，客戶卻天天催貨；計劃部門頻頻改變出貨計劃；時而通宵加班；品質上不去；生產效率低下；半成品積壓，生產線卻停工待料。

2.影響交期的原因有下列狀況

(1)銷售部門沒有進行銷售預測，沒有制定適當的銷售計劃

(2)銷售部門沒有對訂單進行評審，沒有根據企業的生產能力接單，大量超額度接受訂單

(3)生產部門沒有進行完善的產能分析

(4)計劃部門的生產計劃與銷售部門的銷售計劃不同步

(5)物料計劃與生產計劃不能協調同步進行

(6)物料進度經常延遲或品質經常不良

(7)關鍵性機器設備保養不善，經常有故障，修理時間太長

(8)生產過程中品質不穩定，頻頻出現返工或返修

(9)生產進度控制不好，不能與生產計劃同步，緊急加單或臨時取消訂單太多，生產計劃變更頻繁

(10)實際生產能力未達到預定的標準生產能力

3.我們積極探討，實施對策

(1)建立強勢的統一計劃調度中心；或組建強力的主管隊伍，對主管授權

(2)產能數據化、定額化

(3)生產週期一覽表通過銷售部門回饋給客戶

(4)生管隊伍的培訓、加強

(5)營造「事本位」的工作風格

五、主管要如何盯緊交期

1.提前計劃性

計劃兩個字裏面本來就應該有「提前」的含義在，不提前的「計劃」也就算不得是真正的計劃了！因此生產計劃部門人員的性格必須是比較急性的。做到提前計劃的困難在於：第一，某些因素在事前並不明確，而是逐漸確定和明確，這要求生產計劃部門人員必須進行跟蹤；第二，計劃帶有不確定性，有的人習慣於追求完美，於是他的計劃不敢往外發。於是要做好提前計劃須注意以下幾點：

(1)要有「趕鴨子上架」的雷厲風行的習慣。

(2)不求完美逐漸確定，敢於調整自己的計劃。

(3)有的計劃早做與晚做的工作量都是一樣的，我們及早去做就是很合算的。

2.準確及時性

擁有相關資料並及時計劃。然後保證將相關的計劃資訊及時準確的發放給相關部門的權責人員，並須用書面化的形式，以確

保你的資訊的確定性，避免指令的不確定性導致「軍心動搖」。

3.全面完整性

　　必須要有相關的跟蹤方法和記錄，設定和選用好的跟蹤表格，以確保計劃的全面完整性，萬萬不可丟三落四，拖泥帶水。下表所示的跟蹤表可作為一個例子，要指出的是，我們推薦採用依「接單日」的方式進行流水記錄和跟蹤，這樣比較不容易有漏失，而且，在同一個跟蹤表上的跟蹤事項越多越有利於你避免漏失。當然你還可以有相對訂單依客戶或其他進行分類跟蹤，那得視各個工廠的具體情形而定。

表 2-16　訂單交期跟蹤一覽表

接單日	客戶	訂單號	機種	數量	交期	異常事項跟蹤	出貨

　　主管如何協調週出貨計劃與生產計劃呢？

　　週生產計劃是生產的具體執行計劃，其準確性應非常高，否則，無充裕的時間進行修正和調整，週生產計劃應在月生產計劃和週出貨計劃基礎上進行充分協調，應考慮到以下因素：

　　(1)人力負荷是否可以充分支援，不能的話，加班、倒班是否可以解決。

　　(2)機器設備是否準備好，其產能是否能達到預定產能，若人力或機器無法達到，發外包是否可以解決。

　　(3)物料是否已到位，未到位是否完全有把握在規定的時間到位。

(4)技術流程是否有問題，有問題能否在規定時間內解決。

(5)環境是否適合生產產品環境的要求。

1. 生產準備

(1)人員：人力負荷是否合理，人員是否符合需求數量。

(2)機器：機器是否夠用，其產能是否很快提升，有無其他異常問題。

(3)工模、夾、治具：是否準備充分，其品質是否良好。

(4)物料：物料是否準備充分，未準備充分的是否確定能按時歸位，其品質是否有異常。

(5)生產技術：生產技術、製造流程是否有問題。

(6)品質控制：品質控制方法、規程是否準備，各控制點是否準備妥當。

(7)培訓：人員的培訓是否到位，是否能熟悉本崗位的操作，速度如何，是否會影響生產效率。

2. 制定生產計劃應遵循的原則及要考慮的因素

交貨期先後原則：交期越短，交貨時間越緊急，正常來說當然優先安排。

客戶分類原則：客戶有重點客戶、一般客戶之分。越重點的客戶，其排程應越受到重視。如有的公司根據銷售額按 ABC 對客戶進行分類，A 類客戶應受到最優先的待遇，B 類次之，C 類更次。

產能平衡原則：各生產線生產應順暢，半成品生產線與成品生產線的生產速度應相同，機器負荷應考慮，不能產生生產瓶頸，出現停線待料事件。

特別地：工序瓶頸，或機器負荷大的應予注意，不可讓其中間停產。

技術流程原則：工序越多的產品，製造時間愈長，應重點予以關注。

工作部門因素：工廠、線、組、拉、機器的種類與名稱。

時間因素：

(1)產品設計需要的時間(有的已提單設計好則不必考慮)。

(2)接到訂單至物料分析需要的時間。

(3)採購物料需要的時間。

(4)物料運輸需要的時間。

(5)物料進貨檢驗需要的時間(包括等待處理寬裕的時間)。

(6)生產需要的時間；

(7)成品完成到出貨準備時間。

六、生產主管協助控制進度的步驟

1.銷售部門提供季、月的市場預測，供計劃等部門產能負荷計劃的依據。

2.銷售部門根據計劃部門提供的產能負荷資料，作為接受訂單的依據，超出負荷需與計劃部門協商。

3.銷售部門接受訂單後，計劃部門與銷售部門協調一個合理的銷貨計劃。

4.根據銷貨計劃，計劃部門安排出月、週生產計劃。

5.物料控制人員根據生產計劃、BOM 及庫存狀況分析物料需求，並提出請購計劃。

6.採購部門根據請購計劃和請購單進行訂貨，並制定採購進貨進度表。

7.物控人員和採購人員根據採購進度計劃及時進行跟催。

8.檢驗人員按規程檢驗物料，有異常情況在規定的時間內處理完畢。

9.貨倉在生產前及時備好物料，遇有異常及時回饋給物控人員。

10.各部門按計劃控制產能，並將生產進度不斷回饋給計劃部門人員。

作為生產計劃部門班組來說，應該注意到，計劃是一方面，而其他部門是否按計劃去配合是一個大問號。從《生產進度跟蹤表》《交期達成跟蹤與檢討表》記錄做起。

表 2-17　生產進度跟蹤表

序號	品名	數量	交期	採購	到料	備料	上線	完成狀況	結案

表 2-18　交期達成跟蹤與檢討表

接單日	訂單號	品　名	交　期	數　量	異常狀況	新確認交期	異常跟蹤處理	如期達成

七、進度落後了，該如何辦？

步驟1：提升產能

要點：增加瓶頸工程之人員、臨時工、機器

(1)必要時增加輪班

(2)部分工作考慮委託外廠加工。

步驟2：調整出貨計劃

經由銷售部門與客戶協商，可以延後交貨的時間。

步驟3：減少緊急計單之插入

在作生產計劃與銷貨計劃協商時，生產計劃應保留5%的產能空間，以作為緊急訂單追加之用，如在進度落後嚴重的情況下，銷售部門應注意節制緊急訂單插入，以免雪上加霜。

步驟4：延長工作時間或休假日調班

主管要認識到交期與採購的協調關係。

「巧婦難為無米之炊」，影響生產的一個很重要環節就是物料採購——物料早一點進廠當然有利於生產，但是卻會加大資金佔用，不符合效率原則。

於是，人們把及時生產的做法當作美女來追求，希望物料恰好在需要的時候進廠，希望庫存能「不胖也不瘦」。其結果則是：任何一個環節發生異常，都可能會讓你「計劃沒有變化快」！

所以，要及時瞭解採購部門的物控目標。

(1)適時。在要用的時候，很及時地供應物料，不會斷料。

(2)適質。進來的物料或發出去使用的物料，品質是符合標準的。

(3)適量。供應商進來的數量能控制適當,這也是防止呆料很重要的工作。

(4)造價。用合理的成本取得所需之物料。

(5)適地。從距離最短能達最快速的供料商與使用部門距離最短,能最快速的發料。

(6)物料利息率＝物料利息÷銷售成本。

(7)物料週轉率＝當期材料使用金額÷{(期初庫存金額＋期末庫存金額)÷2}

(8)天數＝360天÷物料週轉率。

(9)成品週轉率＝年度銷售金額÷年度內成品庫存金額

⑽成品週轉天數＝360天÷成品週轉率。

八、常用的生產進度控制工具

1.各種圖表

採購方面的物料進度、生產上的進度、出貨的進度等可繪製折線圖、柱狀圖等表在看報上,可隨時掌握各方面的進度,加以控制。

2.各類報表

如利用生產日報表、週報表、月報表可對日、週、月的生產進度進行掌握,以便好的加以控制;利用採購進度控制表對採購進度加以控制,以控制好物料的進度。

3.各種進度控制箱

如採購跟催箱,按日期分成 31 格,將當天要跟催的事務放入當天的格中,按日跟催,生產進度控制同樣也可使用這種方法。

4.電腦系統

如有的公司建立起 MRP/ERP 電腦系統，能自動生產種類進度控制的表格和圖表，如（採購進度表）、《生產進度表》等，對於進度控制就更為方便。

表 2-19　生產進度控制表

訂單號碼	客戶代碼	產品代碼	訂單數量	計劃產量	實際產量								結案
					一	二	三	四	五	六	日	累計	

表 2-20　生產日報表

生產單號	產品名稱編號	預定產量	本日產量		累計產量		耗費工時		半成品	
			預定	實際	預定	實際	本日	累計	本日	昨日
合計			停工記錄：							
人員記錄	應到人數									
	請假人數									
	調出人數									
	調入人數									
	新進人數		加班人數				離職人數			

表 2-21　製造命令單

生產部門						
生產單號				生產日期		
產品名稱				產品編號		
產品規格				生產數量		
使用材料						

料　號	品　名	規　格	單　位	單位用量	標準用量	SPARE	備　註

製造方法				
完成日期			生產計劃主管	生產計劃員
移交單位				

表 2-22　週生產計劃表

週別				日期						
項次	制單號碼	品名	計劃生產數	計劃日程						注意事項
				/	/	/	/	/	/	
1										
2										
3										
4										
5										
6										

7 交期管理與改善措施

一、交期延遲的原因與處理

　　按時交貨，是企業信譽的保證，更是按生產計劃正常運作的必然要求。交期管理的主要內容，包括實行準時化交期，改進制程管理和建立交期管理制度等，通過及時處理交期延誤，保證按時交貨。

表 2-23　交期管理與改善措施

內　　容	說　　明
交期延誤的原因與處理措施	交期延誤原因有生產部工序計劃不完備，作業溝通不暢，現場督導不足，工序負荷失衡；銷售部隨意答應交期，不能把握市場需求；設計部突然更改或修訂設計；物料部物料計劃不完善，材料入庫滯後或存在品質問題，這些情況都可能延誤交期，應分別要求這些部門強化處理措施
準時化交期的改善措施	準時化交期的改善措施有瞭解市場，分析客戶，市場預測；靈活安排生產；監督式管理；資源分享，協調一致
制程管理的改進策略	強調製程人員的責任，包括作業員、主管、工廠主管、品管員和品質主管，將制程管理作業人員分成線上操作組、線上品管檢驗組和試驗組進行制程管理，並加強制程管理檢查
交期管理制度的建立與推動	產前有計劃、產中有控制、產後有總結和生產數據化

交期延誤並非僅僅是生產部的原因,其他部門,包括銷售部、研發/設計部和採購部等部門之間缺乏溝通與協調,也可能導致交期延誤,如表 2-24 所示。

表 2-24　導致交期延遲的原因

部　門	原　因
生產製造部	工序、負荷計劃不完備;工序作業者和現場督導者之間,對立或溝通協調不暢,現場督導者管理能力不足;工序間負荷與能力不平衡,半成品積壓;報告制度不完善,無法掌握作業現場實況;人員管理不到位;技術不成熟,品質管理欠缺;設備/工具管理不良;作業的組織和配置不當
銷　售　部	頻頻變更訂單/計劃;隨意答應客戶交期,並且期限緊迫;不能把握市場需求,無法訂立明確的銷售預定計劃;臨時增加急需即刻完成的訂單
研發/設計部	計劃拖後,導致後序工作延遲;圖紙不齊全,由於材料/零件缺失影響交期;突然更改或修訂設計,導致生產混亂;小量試製尚未完成,即開始批量投產
採　購　部	物料計劃不完善;所採購的材料/零件,入庫滯後;材料品質存在問題,後期加工困難;外協產品不良率高,數量不足

針對交期延誤的原因,相關部門必須採取相應對策和處理措施,避免交期再次延誤。

1. 生產製造部

作業配置合理化,提高現場督導者的管理能力;確定外協/外包政策;縮短生產週期;促進崗位/工序作業的規範化,制訂作業指導書,確保作業品質;加強培訓,增進溝通,增加員工的工作意願。

2. 銷售部

用全局性、綜合性的觀點指導工作；改善銷售職能運作，定期召開產銷協調會議；加強銷售部門員工的培訓，提高工作技能和業務能力；編制 3～6 個月的需求預測表，為中期生產計劃提供參考；對客戶的訂單更改要求有明確記錄，獲得客戶確認，並及時通知生產部等相關部門。

3. 研發／設計部

編制設計工作的進度管理表，通過會議或日常督導控制進度；如無法如期提供正式、齊全的設計圖紙或資料，可預先編制初期制程需要的圖紙或資料，以便於準備材料，防止制程延遲；儘量避免中途更改和修訂圖紙或資料；推進設計的標準化和共用零件的標準化、規格化，減少設計工作量；明確設計工作分工和職責。

4. 採購部

加強採購和外協管理，實行重點管理方式；調查供應商和外協廠商不良產品的發生狀況，確定重點管制廠家。

二、準時化交期的改善措施

企業必須站在客戶的角度，建立準時化交期，同時保證產品的數量和品質。其基本改善措施包括以下內容。

1. 瞭解市場，分析客戶，做好市場預測

生產必須以客戶為中心，以客戶的實際需求為依據，及時瞭解市場，識別、分析和確定客戶購買類型，篩選出有用的資訊資源，同時，準確掌握常用材料的日存量狀態，通過目視管理，實

現資源分享，將客戶的交貨期與材料的動態資訊相結合。

2.靈活安排生產

靈活安排生產的主要方法，如表 2-25 所示。

表 2-25　靈活安排生產的主要方法

方　　法	說　　明
化整爲零	依據不同客戶的運輸提前期,將同一客戶不同時間段的訂單放在同一天生產和完成
目標管理	根據每一個客戶的情況，綜合其信用等級，分期分批安排生產
控制管理	對部分特製產品，訂單增多時，控制和規範接單，控制生產週期
梯子管理	從年初開始衡量和驗證生產能力，確定日、月的生產量，並不斷擴充和完善生產能力使其呈階梯狀不斷上升

3.實行監督式管理

在保證準時化交期的同時，除安排配置原有的跟單人員，還需要組織由生產、行銷、物料和品管等各個部門管理人員以及各個區域行銷代表組成的品質監督隊伍，不定期抽檢和確認原材料、半成品和產成品，提出改進意見，以避免因品質不良導致返工，無法按時交貨。

4.資源分享，協調一致

各個部門及員工，應該從大局出發，不定期傳遞和匯總不能及時出貨的相關資訊，以備貨應急或調貨制亂。

三、制程管理的改進策略

制程包括產品設計、生產進料、生產製造、品質核對總和成品包裝等，即原材料上線至成品包裝完成的整個生產製造過程。

　　制程管理，即在製品的品質管制和制程品質管制，在製造過程中，利用工程知識和數據統計，實現製造條件標準化，及時發現不符合規格的缺點並矯正，以確保製品品質，預防發生不良品。

　　制程管理需要通過相關作業人員的實際作業實現，相關作業人員的責任劃分，如表 2-26 所示。

表 2-26　制程管理的作業人員責任

作 業 員	設定開工生產條件，檢查第一件製品，查核生產條件，處置生產異常
主 　 管	覆核開工時的生產條件，監督生產管制情形，指示處置異常
工廠主管	查閱管制圖，判斷管制情況，追查原因，指示處置措施，覆核處置效果
品 管 員	覆核第一件製品檢查，覆核生產條件，抽試產品，繪製管制圖，填發異常通知單，調查處置結果
品質主管	管制測試儀器及測試方法，調配品管員，調查管制情形，報告品質問題

　　按照作業人員責任，可將制程管理作業人員分爲 3 組，如表 2-27 所示。

表 2-27　制程管理作業人員分組

組 　 別	責任說明
線上操作組	除線上操作，還需查視本身工作，發現變異，立即矯正。查核本身製品，能夠使用必要儀器及設備
線上品管檢 驗 組	負責第一次檢驗，巡迴檢驗，查找問題，提供檢驗記錄數據，並提示制程狀況，隨機抽檢制程使用物料品質
試 驗 組	擔任化學、物理及非破壞性試驗等工作，提供檢驗記錄數據及有關報告，校正和保養管理試驗儀器和設備

表 2-28　制程管理的常用檢查方式

檢查方式	說　　明
首件檢查	剛開機時或停機後再開時進行的檢查
自主檢查	作業員對自身作業進行的檢查
順序檢查	下道工序作業員檢查上道工序作業員的作業
巡迴檢查	由工廠管理人員或品管人員進行定時或不定時檢查
實驗室檢查	線上無法檢查的項目，可以轉至實驗室檢查
成品檢查	品管人員對成品進行的檢查

　　實施制程管理，應注意以下內容：使作業人員充分瞭解作業標準及制程管理標準。定期校正檢測儀器，以保證其準確性。全部檢查首件並作記錄，經主管確認合格後繼續生產。巡迴檢驗員定時進行覆查，確保各項管制確實無誤。品質主管、生產主管和工廠主管經常檢視制程管理的落實和執行情況。記錄各種檢驗結果，並報告有關人員。發生異常時應迅速聯絡有關人員，追查原因，及時矯正，妥善處理異常品，並提報處理結果。

四、建立交期管理制度

　　通過相應管理制度的約束和控制，確保產品交貨期。交期管理管理制度，主要包括產前有計劃、產中有控制、產後有總結和生產數據化等內容。

1.生產前有計劃
　　產前計劃是投入生產之前所進行的各項工作安排、工作佈置和資源分配。主要包括生產訂單排序、生產日程安排、部門工作任務分配、人員配置、設備配置、物料供應計劃、技術資料及圖

紙準備和生產場地規劃等內容。

產前計劃的分類，如表 2-29 所示。

表 2-29　產前計劃的分類

分類標準	分　　類
時　　間	年度計劃、月(季)度計劃、週計劃和日計劃
部　　門	生產部計劃、工廠計劃和班組計劃
內　　容	生產進度計劃、設備計劃和人員計劃

產前計劃必須在制訂、覆核、審批、發放、監控和修訂等方面加強管理。生產計劃管理的內容，如表 2-30 所示。

表 2-30　生產計劃管理的內容

內　容	說　明
制　訂	根據企業總體規劃、客戶訂單和銷售情況，制訂月度生產排程，月度生產排程包括訂單編排、生產時間、交貨日期和工序交接時間等內容
覆　核	計劃制訂之後，需經生產經理覆核並與行銷部門、物料部門、生產工廠和客戶代表充分溝通，確保其可行性
審　批	生產計劃覆核之後，需由生產副總審批，強化其嚴肅性和指令性
發　放	生產計劃批准後，由行政部組織發放給生產部及所屬工廠、品質部、物控部、採購部、銷售部、財務部和倉庫等部門
監　控	生產計劃發放之後，各個部門應立即執行，由生產副總或總經理監督。生產部所屬工廠的工作由生產部監督、跟蹤、統計和協調
修　訂	計劃執行過程中，如果出現必要的生產插單或不可抗因素需要修改計劃的，由生產部參照生產計劃制訂程序進行

2.生產中有控制

產中控制包括以下 2 個方面的含義。

⑴生產監督與檢查

檢查和督導生產過程中的進度、品質、設備、材料、人員、作業方法和現場管理等問題，及時發現生產問題並儘快協調解決。生產監督與檢查的常用方法包括現場巡視檢查、生產進度日報、部門工作報告表和基層管理人員及員工生產情況彙報。

實施生產監督與檢查，應注意以下內容：

①各管理人員應注重生產監督檢查對生產管理的重要作用。

②定期、定時巡視檢查生產工廠。

③工廠巡視檢查應目的明確，做好巡視記錄，及時向上級彙報。

④對於重大問題，應立即召集有關人員就地解決。

⑵生產協調與控制

即以生產計劃爲依據，通過統計數據分析和生產監控，積極預防和改善訂單生產問題以及可能出現的生產滯後、品質及材料等問題。生產協調的常用手段包括生產異動報表、生產協調會和協調通知單。

生產協調與控制工作應遵循以下基本要求：各個工廠或工序出現的影響生產進度或產品品質的任何情況，必須第一時間上報生產部。

問題嚴重的，應同時上報生產部副總經理。生產部接到報告之後，應書面彙報，同時提出初步解決方案。如需其他部門協助，應填寫《協調通知單》。跟單員應深入現場瞭解訂單完成情況，對照計劃進行審查，並及時彙報。

生產經理負責有關協調工作，全面處理生產異常問題。對於生產問題的瞞報和漏報，以致影響到生產進度和生產交期，應追究有關部門及人員的責任，嚴肅處理。

生產協調的主要內容，如表 2-31 所示。

表 2-31　生產協調的主要內容

主要內容	說　明
交期協調	因特殊原因協調交期
進度協調	更換不同產品或訂單的先後進度,協調同一產品不同工序間的進度
任務協調	協調部門之間的工作任務不平衡
產品協調	更換產品品種或增減產品數量
設備協調	協調設備使用時發生的衝突
物料協調	協調物料供貨期和物料品質,更換不合格物料
技術協調	協調某些不適合批量生產或不完善的技術,或按客戶要求更改技術
品質協調	討論品質標準和達到品質標準的方法和手段
時間協調	因生產需要進行非常規的時間安排,例如加班和串休
人員協調	協調某些部門人員過剩或某些部門人員不足的情況

⑶生產後有總結

產後總結是生產計劃完成情況的全面歸納和評估。產後總結的分類，如表 2-32 所示。

表 2-32　產後總結的分類

分類標準	分　類
時　間	年度總結、季度總結、月度總結和週總結
部　門	各個部門工作總結、各個工廠工作總結和各個班組工作總結
內　容	訂單總結、生產線工作總結和單項工作總結

　　生產後總結主要包括 3 個方面的內容：

　　①訂單總結。詳細總結生產過程中的物料成本、人員投入、品質問題、技術問題、日產量和產品合格率。

　　②月計劃總結。詳細總結月計劃生產完成情況。

　　③部門工作總結。總結和分析部門的工作情況。

　　生產後總結的目的是瞭解計劃完成情況，找出差距與不足，正確評估工作進展，提供考核依據，爲生產工作安排提供有關參數。

　　4. 生產數據化

　　生產數據化管理要求生產數據報表完整，並根據這些報表及數據，應用數理統計的方法，判斷影響產品品質和完成期的因素，從中找出規律性。

　　實施生產數據化管理的步驟，如表 2-33 所示。

表 2-33　實施生產數據化管理的步驟

步　　驟	說　　明
確定標準技術參數	根據相應標準，結合實際，確定各個工序的標準技術參數，包括原材料標準技術參數、產品分級和包裝標準技術參數、產品質檢標準技術參數和模具使用標準技術參數
數據統計	根據生產技術報表數據，按影響產品品質的主要項目進行抽樣統計匯總。統計數據的範圍包括原材料採購到成品包裝的整個過程
數據分析及應用	根據產品生產流程和相關統計資料，按照相應的工廠、班組和工序，以生產報表中產品品質和進度指標，對比各個技術參數值，觀察產品品質和進度與各個參數值之間的變化規律，找出影響產品生產進度與品質的主要參數，應用數理統計分析方法，調整參數，尋求提高產品品質與生產進度的最佳組合，以指導生產

8 要掌控生產計劃

1.制定生產的工作程序

(1)查定工序生產能力，測定工序生產時間；

(2)制定生產節拍，確定工序工作負荷；

(3)確定各設備、各工序及生產技術所需流程；

(4)進行必要的設備改造、工具器具和工序之間的改善；

(5)繪製標準作業指導書和 SOP，並嚴格實施；

(6)出現問題立即排除，不斷改善流程。

2.生產計劃控制

生產計劃控制是保證企業生產經營活動取得持續績效性的重要環節，是解決生產問題的重要手段，是調節生產的有效工具，是保證生產計劃的有效方法。

對於現場的控制實際上有二種策略，一是對照物料需求計劃展開得到的工廠作業訂單進行控制；另一種是對工廠現場進行控制，採取準時化生產，即所謂的拉動系統，所用的控制工具就是看板。

控制的基本內容包括：生產進度控制和在製品佔用量控制等工作，其中生產進度控制是生產作業控制的核心，包括投入進度控制，出產進度控制，工序進度控制。

生產作業控制的方法主要有進度分析，傾向分析，統計分

析，月程分析等。

生產計劃控制的步驟大概包括以下 4 點：

(1)掌握技術流程，這是生產作業控制的起點和基礎，

(2)安排生產進度計劃，這是生產作業控制的前提，

(3)下過生產指令，這是生產作業控制的重要手段，

(4)生產進度控制，這是生產作業控制生產關鍵。

控制的基本程序是制定控制標準，衡量計劃執行情況，將實際成果同預定目標相比較以確定是否發生了偏差，採取糾正措施。

3.制定生產進度表

生產進度表負責依據生產計劃和產品需求狀況確定每一具體產品的需求量和生產供貨時間。如果最終產品結構複雜，它也會對其中的某些主要部件的生產進度做出安排。由於生產過程總是在有限的生產能力和資源下進行的，確定生產進度時必須同時考慮各方面的要求和約束：人員、機器設備、材料、環境、時間、技術、成本、方法、場地及所有跟生產相關的因素。產品生產進度安排總的原則是：保證交貨期，實現均衡生產，要力求達到較少的人員，最高的生產效率。

表 2-34　制定生產進度表

時間　產品	8：00～10：00		10：00～12：00		13：00～15：00		15：00～17：00		18：00～20：00		20：00～22：00	
	計劃	實際	計劃	實際	計劃	實際	計劃	實際	計劃	實際	計劃	實際
產品X	100				100				300			
產品Y	20		500				500					
產品Z					200		200				400	

4. 跟蹤並確定生產進度

⑴現場跟蹤的內容

①投入進度。按計劃要求控制產品開始投入的日期、數量和品種，保持在製品正常流轉，保證生產的均衡性和成套性。

②出產進度。保持生產過程各環節的緊密銜接和密切配合。

③工序進度。產品生產過程中各道工序的進度，防止出現「二瓶頸」問題。

④製品佔用量控制。通過分析對比在製品實際佔用量和在製品定額之間的偏差，及時採取糾偏措施，保持在製品的實際佔用量與在製品定額相符，以合理的最低佔用量，保證生產正常進行。

⑵確定各時段的生產進度

基本瞭解了各階段的生產進度後，各班組根據工廠下達的生產任務進行人員、物料、設備的調配和安排，再確定其各階段的生產進度，以保證能按時按質按量的完成生產任務，因此它是生產計劃工作的一項重要內容。產品生產進度計劃的編制要遵循一定的原則和要求，有一定的步驟，在不同的生產類型下，產品生產進度的安排方法是不一樣的。

工廠在製品定額＝平均每日出產量×工廠生產週期＋保險儲備量

5. 巡視並追蹤現場情況

要親自到現場，巡視的次數、範圍、視角都可以通過目視的方法解決很多問題，巡視有以下幾種目的：

⑴確認整個生產的計劃執行情況；

⑵看目前的生產進度及有無「瓶頸」問題；

⑶把握真實情報；

⑷可以發現新情況；

(5)增進上下級的溝通。

巡視時要注意：

(1)正確的穿戴勞保用品進入生產區；

(2)巡視不是做樣子的，是要發現問題的，所以巡視時要有問題意識；

(3)要透過現象看本質，對問題要有敏銳的洞察力和細緻的觀察力；

(4)要真實的記錄、及時地與員工交流；

(5)舉止謙遜。

心得欄

9 生產插單管理與控制

　　為保證完成既定的生產量，充分利用企業的生產能力，應採取積極的措施處理緊急訂單，實施插單管理。在自身生產能力不足的情況下，可以適當考慮產品或零部件外包生產，以降低生產成本，限制過度開發生產能力。

表 2-35　生產插單管理與控制的內容

內　　容	說　　明
緊急訂單的 處理技巧	緊急訂單的基本處理方法包括建立資訊系統、順暢製造流程和保持安全庫存等，必須掌握的基本技巧包括技術指導、人員技術培訓、及時調整工作時間、優化生產組合與計劃組合、人員重組與調動和有效使用獎懲手段等
訂單頻繁變更 的處理方法	訂單頻繁變更的處理方法包括建立相應的訂單變更處理制度，及時收集訂單變更資訊，整理訂單變更需求資料等內容
避免產品外包 的控制措施	避免產品外包的控制措施包括原料採購、成本管理、品質管制和提高生產能力等
外包生產計劃 的控制程序	外包生產計劃的控制程序包括外包發料、外包補料和退料、外包作業品質控制和外包驗貨等基本步驟。外包發料包括製作外包發料單、檢驗外包發料和外包發料審批等內容；外包補料和退料包括外包商補料和外包商退料；外包作業品質控制包括生產前品質協議、外包商樣品審核和正式生產的品質控制等內容

一、訂單頻繁變更的處理方法

由於客戶或企業內部需求變化或調整，例如客戶取消訂單；修改訂單數量、交期和單價；企業已經停止該訂單的產品等，企業需要對原客戶訂單相關內容進行變更。

1.對應職責

企業應建立相應的訂單變更處理制度，由企管部負責審核執行，經總經理批准執行。

當合約或訂單變更，業務部負責收集和整理訂單變更資訊；業務總監助理或內勤人員負責提報《訂單變更申請單》；業務總監負責審核《訂單變更申請單》。

表 2-36　訂單變更申請單

訂單編號：		交易日期：	
客　　戶：		客戶確認日期：	
訂單變更原因：			
序　　號	產品名稱及型號		交易金額
小　　計			
主管審批：		經辦人：	

2.基本工作流程

包括訂單變更資訊收集和訂單變更需求資料整理等內容。

⑴訂單變更資訊收集

訂單變更多由客戶通過電話、傳真、電子郵件等方式，向業

務經理或客戶服務部提出訂單變更要求或投訴。

⑵訂單變更需求資料整理

客戶訂單變更包括交期提前、交期延遲、產品變更、價格變更、產品數量增加、產品數量減少、付款方式變更和技術變更等情況。

①交期提前

客戶要求交期提前，企業應調整生產計劃排程，評審產能負荷；採購部應評審相應採購是否能夠滿足交期，如需緊急採購，應提供緊急採購的額外成本數據。

②交期延遲

客戶要求交期延遲，企業應調整生產計劃排程；採購部應調整採購計劃，以保證既滿足交期，又不佔用資金。

③產品變更

客戶提出變更產品，工程技術部評審該產品變更是否引起其他部件變化；採購部調整採購計劃，評審採購是否能夠滿足交期要求，並提供所需新產品的詢價報告，如需緊急採購，應提供緊急採購的額外成本數據；已經採購的非標件，需要提供可能發生的損失報告；業務部根據詢價報告，重新確定產品銷售價格。

④價格變更

客戶提出變更價格，財務部應提供價格變更後訂單損益分析；業務部應根據財務部提供的訂單損益分析與客戶溝通價格減少幅度。

⑤產品數量增加

客戶提出增加訂單產品數量，財務部應評審客戶預付款金額是否達到增加後總金額的相應比例；生產部應評審產能負荷，是

否需要延遲交期，如果需要延遲交期，由業務部和客戶溝通，達成一致；採購部應評審庫存物料能否滿足交期。

⑥產品數量減少

生產部應依據客戶產品減少的要求，調整生產計劃排程；採購部應調整採購計劃；業務部門應評審是否需要調整價格，例如之前的銷售價格是否對批量做了折扣；產品數量減少需要退貨，財務部及採購部應提供損失報告。

⑦付款方式變更

客戶提出變更付款方式，財務部應評審變更付款方式後是否在客戶的授信額度內。

⑧技術變更

客戶提出變更技術，工程技術部應評審技術能力能否達到變更要求，並提供技術變更設計方案和新產品結構圖；採購部應根據新的產品結構調整採購計劃，如需緊急採購，應提供緊急採購的額外成本數據；已經採購的非標件，應提供可能發生的損失報告；生產部應及時調整生產計劃排程，評審產能負荷，是否需要延遲交期；業務部應根據新產品詢價報告，重新確定產品銷售價格和交期。

二、緊急訂單的處理技巧

在實際生產過程中，經常出現緊急訂單，包括取消訂單、緊急插單、變更數量和變更產品功能等，打亂了生產計劃，影響整體生產進度。

緊急訂單的基本處理方法，如表 2-37 所示。

表 2-37　緊急訂單的基本處理方法

方　　法	說　　明
順暢製造流　　程	建立完善的管理體系，保障整個系統不會由於計劃變更而混亂，影響工作效率，同時輔之以必要的資訊系統和較高的行政效率
建立資訊系　　統	建立靈活的企業內部資訊管理系統，接到緊急訂單能夠迅速查看滿足此訂單的相應物料的庫存及採購狀況和生產線的能力佔用狀況，如果接受訂單，可能對那些訂單產生影響，客戶能否接受
保持安全庫　　存	適當保持採購期較長物料的安全庫存，選擇配套能力強的地區和供應商

　　在處理緊急訂單過程中，必須掌握以下基本技巧：對於必須接受的緊急訂單，例如大單、大客戶訂單，應及時與物控部和採購部在物料供應方面達成一致，保證物料的供應及時。組織工廠和班組開會討論，進行生產動員。

　　進行必要的人員、設備、場地和工具調整，同時進行技術指導、員工技術培訓。組織有關人員詳細規劃生產細節，及時調整工作時間，正確使用加班，適時採用輪班制。認真進行總體工作分析，通過優化生產組合與計劃組合，發現剩餘生產空間，對於本工廠和班組無法解決的問題或困難，應及時上報並取得支持。加強人員重組與調動的管理，合理進行設備、物料人員的再分配，保證達到最佳效果。有效地使用獎懲手段，強化執行力度。

三、外包生產計劃的控制流程

　　外包生產計劃的控制程序，包括外包發料、外包補料和退料、外包作業品質控制和外包驗貨等內容。

1.外包發料

外包發料內容根據外包類型差異而有不同，如下表。

表 2-38 外包發料的內容

內　　容	說　　明
材料外包	由於企業無此種設備或設備不足，需要將產品製造所需加工的材料外包加工才能為企業所使用
成品外包	由企業提供材料或半成品供外包商製成成品，外包加工產品交付後即可當作成品銷售或直接由外包商交運
半成品外包	由企業提供材料、模具或半成品供外包商生產，外包加工後尚需送回企業再加工才能完成成品

外包發料流程一般包括製作外包發料單、檢驗外包發料和外包發料審批等內容。

⑴製作外包發料單

採購部根據外包生產計劃，編制標準材料表，核算物料損耗率，製作外包發料單，確定發料數量。

⑵檢驗外包發料

發料前，通知品質部進行出庫檢驗，保證發料品質。採購材料由外包商直接提領比較便捷時，品質部應派檢驗員去驗貨。

⑶外包發料審批

外包發料出廠時，填寫外包送貨單一式五聯，貨倉保留一聯，其餘四聯隨貨送外包商簽收後，一聯留外包商保存，其他三聯返回企業，分送採購部、生產部和財務部保存。

2.外包商補料和退料

⑴外包商補料

如果企業發料數量不夠或者客戶突然增加訂單數量，企業均

需補料給外包商。補料需開補料單，經相關管理人員簽字後生效。

⑵外包商退料

外包商退料的情況，如下表所示。

外包商退料，應填寫退料單，經雙方相關人員簽字後生效。

表 2-39　外包商退料的對象

退料對象	說　　　明
規格不符的物料	物料規格不符，責任多在企業自身，例如發錯料或供應商發錯料而企業未檢驗查出。如果組裝時造成損失，企業應負責賠償
超發的物料	責任在企業，應對發料人員進行相應的處罰
不良物料	物料不良的原因包括漏檢的不良風險、運輸和裝卸不良、外包商保管不善和外包加工過程不良
呆　　料	責任往往在企業，例如發料後客戶突然取消訂單
廢　　料	出現廢料，可能由外包商加工過程導致，也可能由原材料錯誤採購導致

3.外包作業品質控制

外包作業品質控制，包括生產前品質協議、外包樣品審核和正式生產的品質控制等內容。

⑴生產前品質協議

外包品質協定內容包括下列一項或多項內容：外包商的品質管制體系，外包商交貨時提交的核對總和試驗數據以及程序控制記錄，外包商進行 100%核對總和試驗，由外包商進行批次接收後抽樣核對總和試驗，企業規定的正式品質體系，由企業或第三方評價外包商的品質管制體系以及內部接收檢驗、篩選。

⑵外包樣品審核

在正式量產交貨前，應審核外包商樣品，包括新設計零件、新承包零件、件號重編的設計變更零件和工程變更零件等。

外包商必須向品質部提交樣品檢驗記錄、材質規格確認書和工程規格確認書一式兩份。品質部承認合格的記錄一式兩份，一份交外包商，一份企業留存。

⑶正式生產的品質控制

正式生產的品質控制，包括建立標準、實施檢驗、一般管理、異動管理、重要零件管理、監查管理和保存記錄等，如表 2-40。

表 2-40　正式生產品質控制的內容

內　　　容	說　　　明
建立標準	制訂品管基準書(外包管理、過程管理、出貨檢查、抱怨處理等管理辦法)、規格類文件(外包零件、半成品和成品檢驗規格)和限度樣品
實施檢驗	材料檢驗、制程檢驗、成品核對總和出貨檢驗
一般管理	計測器具管理、程序控制與過程能力分析、批次管理、特殊工程管理和外包管理
異動管理	品質異常處理、特採作業、設計變更和工程變更
重要零件管理	必須符合一般的管理要求，實施嚴格管理
監查管理	外包商監查產品和品質管制體制，預防不良
保存記錄	記錄並保存外包商對開發與製造的管理記錄、檢驗或試驗記錄、批次管理記錄、量具精度管理記錄、特採對象的監查或指導記錄以及不良對策

4.外包驗貨

外包驗貨是外包品質管制的重點，應進行規範化管理。

⑴驗貨的內容和方法

驗貨的內容和方法，如表 2-41 所示。

⑵驗貨流程

驗貨流程包括送檢、核對總和入庫 3 個步驟，如圖 2-4 所示。

表 2-41　外包驗貨的內容和方法

內容和方法	說　明
內　　容	核對外包生產通知單，檢驗產品的名稱、顏色、規格和尺寸
方　　法	免檢。針對外包商品質能力年度考核的結果介定
	全檢。針對重要零件、已發生過或多次發生過不良的產品
	抽檢。針對制程穩定，鑑定成本過高或無法進行全數檢驗的產品

圖 2-4　驗貨流程圖

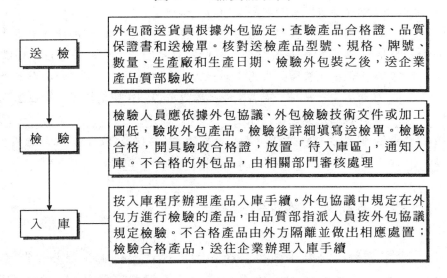

(3)**驗貨完畢的審核**

外包商送檢的產品檢驗完畢，合格品入庫後，應對不合格品進行審核，審核結果一般包括兩種情況。

①特採

經檢驗，外包商承制零件與圖紙不符，如果其主要功能符合要求，外包商可說明理由申請特許採用，以降低成本，但只限於

極少數不影響成品機能的零件,並應限定有效期限和數量。

②退貨

外包商的不合格品,除特採外,應一律按退貨處理。

⑷**收貨清點和交接**

對檢驗合格的產品,庫房應做好清點與交接工作,包括單據和數量的清點與交接,如表 2-42 所示。

表 2-42　收穫清單和交接的內容

內　　容	說　　明
數量清點與　交　接	清點產品實際數量與品質憑證上數量是否相符。當客戶訂單在生產過程中發生變化,例如,當外包商將生產出訂單部分數量產品時,客戶突然取消訂單;客戶對訂單的一部分產品進行規格調整,但要求按照原來的交期交貨;客戶需要在原定單的基礎上增加產品交貨數量,或者臨時插單等,遇到這些情況應特別注意清點外包商送貨數量
單據清點與　交　接	品質憑證,有送檢單、產品合格證、品質保證書和品質檢驗報告;送貨單,應核查產品名稱、規格、型號、供貨數量和交付日期

四、產品外包的管制措施

企業需要在綜合平衡核心技術的可控性、技術流程的相似性和成本費用的低廉性的前提下,確定是否需要產品外包。如果不需要外包,應同時從原料採購、成本管理和品質管制等方面提高自身生產管理水準。

1.原料採購

採取多種途徑,確保企業所需原材料的品質並且能夠穩定及時的供應,並儘量降低成本。其主要方法包括:

(1)與原材料供應商簽訂購買合同，確保貨源的穩定供應。

(2)爲原材料供應商提供一定的技術和資金支援，加大原材料檢測力度，確保獲得高品質的原材料。

(3)根據市場動態，及時調整採購策略，加強管理，降低成本。

2.成本管理

加強成本管理的主要方法包括：

(1)隨著生產規模的擴大，利用規模效應降低產品成本，加強與原材料供應商的聯繫，控制和降低原材料供應價格。

(2)加強研發能力，提高生產作業人員熟練程度和技術水準，降低生產成本。

(3)提高管理效率，激發員工積極性和創造性，節約加工費用。

3.品質管制

企業應通過多種方式確保產品品質，主要方法包括：

(1)在企業內部樹立「品質就是生命」的生產觀念，增強品質意識。

(2)在生產過程中落實每一個環節的品質保障，建立高效檢測系統，檢驗產前、產中、產後的每一個環節，保證產品品質。

(3)培訓生產作業人員，使其具有較高的技術和素質，充分發揮主觀能動性，打造一流的產品品質。

(4)建立專門的產品檢驗隊伍，確保產品合格率。

(5)強化產品品質管制，力爭達到各項品質認證體系要求。

4.提高生產能力

企業要提高生產能力，可以通過以下途徑實現：

⑴改善設備的利用時間

減少設備停歇時間，提高設備的實際利用時間。主要方法有：

①採用先進的設備維修方法，提高維修品質，合理地安排修理計劃。

②加強生產作業準備工作及輔助工作，減少停機次數。

③加強生產作業計劃和調度工作，保證生產環節銜接緊密，均衡生產。

④提高產品品質，降低不合格品率，減少設備和勞力的無效工作時間。

⑤改進工作班制度，交班不停機。

⑵**改善設備利用強度**

主要方法包括：

①改進產品結構，提高結構技術性。

②提高產品的系列化、標準化和通用化水準，標準件和通用件的生產儘量採用高效的專用技術裝備、先進技術和操作方法。

③改進設備和工具，以自動化作業代替一般的機械化操作和手工操作。

④充分利用設備的尺寸、功率和工位等技術特性。

⑶**增加生產設備投入數量**

主要方法包括：

①加快新設備的安裝試車工作，儘快交付使用。

②提高機器設備的成套性。

③充分挖掘或利用現有設備，必要時調撥或購置一定量的設備。

⑷**充分利用生產面積**

主要方法包括：

①改善生產面積的利用，合理佈置工廠和工段的機器設備，

增大生產面積在總面積中所佔的比重。

②合理安排在製品庫、外購件庫和成品庫的面積。

③盡可能組織準時化的流水生產。

④合理組織工作輪班，增加生產面積的利用時間。

10 如何降低生產報廢率

一、設立制度

欲求降低生產報廢，要先設立管制制度。按制度施行，對於生產報廢情況，方能確實掌握，追蹤檢討，力求改進。此項管制制度，可名之為「生產報廢表報制度」，即各生產線每週或每月報廢若干，均須加以記錄，逐週及逐月按生產線別彙總編製成報表，提供各有關人員管理當局參考，其要點如下：

1.管制層次

報廢管制應以各廠並進而至每廠之各生產線為單位。

2.訂立目標

工程部門應針對各廠各生產線情況，會同生產單位及工業工程單位，訂定全年各廠各線報廢率目標，並呈總經理核定。全年目標訂定後，尚須採取循序漸進方式，按各線各月實際生產及材料情況，逐月訂定各線目標。訂定全年及各月目標時，除各部門經理外，生產線主任(或再加領班)亦須參加，增加其參與感，並

深入瞭解生產線情況，俾使目標切實可行。

3. 授權報廢

生產線如有產品須予報廢，須填寫「報廢單」，按各產品別，列明產品編號、至何生產站報廢、數量及報廢原因，經品管檢驗員檢查及品管工程師覆查簽字授權後，方得視為廢品置於廢品架上。品管工程師對於發生報廢原因，應立即加以分析及追蹤改進。

4. 廢品再生

廢品中部份原料或可設法回收以供使用。但於拆報廢回收原料時，常需再額外花費人工為之，從而造成生產差異率升高（亦即生產效率降低）。是否值得，須由工業工程師加以分析衡量。如果值得，報廢自可降低（但生產差異率提高）。廢品再生後，其項目及數量應自「報廢單」中剔除。

5. 逐週入倉

生產線廢品應逐週入倉，分別置放。會計部應根據「報廢單」，按報廢品數量及站別，逐項計算成本，按生產線別彙總編製「報廢週報表」，顯示各廠各線報廢成本及報廢率（列明標準報廢率及該週實際報廢率），送生產線、工程部、品管部及總經理（或副總經理）。除週報表外，每月並應彙編月報表，列明當月及截至該月各廠各線報廢成本及報廢率。為節省計算時間，可以數週為一個月，不必堅持自月初迄月末之月曆制。除週、月報表外，季報表及年報表自須編製。如有需要，尚可以之編製統計圖表。報廢率之計算，以報廢品直接原料成本除以當期入庫良品加報廢品之直接原料成本即得，但若將直接原料成本化為總成本更佳。

6. 追蹤檢討

生產部經理或各廠廠長接到「報廢週報表」後，應即與各生

產線主任及領班共同檢討報廢率高低得失及如何再加改進之道。
如有需要，總經理（或副總經理）並應親自會同該有關人員，加以
檢討。

7.廢品出售

　　部份廢品可能尚有殘餘價值。廢品在倉，頗佔地方，應每隔
數月即加以處理一次，能出售者招標出售，無用者當垃圾處理。
廢品出售所得價款，經依法提撥職工福利金後，其餘額須入賬並
作為報廢成本之減項（如作為營業外收入，在稅務上較為吃虧）。

二、降低方法

　　生產報廢發生原因，主要是工程問題、機器問題、材料問題
及製程（製造過程）問題。若能加強並徹底實施全面品管制度，必
可使生產報廢率大為降低。

1.工程問題

　　產品設計之良窳、產品規格是否確定清楚、測試儀表是否維
持正確、以及與客戶儀表互相比對等，均足以影響生產報廢高低，
故亟須求其正確。因此，產品開始生產，「第一次就要做對」。

　　(1)產品設計盡量採用規格品原料。使用愈特殊規格原料製造
產品，報廢比例愈大。

　　(2)生產線主任等對設計規格及製造程序，以及與客戶比對之
標準品，均須徹底明白瞭解後，方可開始生產。如有疑問，應會
同工程人員研究清楚。關於此點，在按照客戶規格而為之訂單生
產工廠，尤為重要。

　　(3)每項產品必須設立「標準產品」，並測取其標準規格讀值，

以供大量生產時比對之用。如爲依客戶規格而生產的產品，必須將該標準產品測取規格讀值後，送請客戶依其儀表再測讀值後送回，以供作爲比對改正標準。

(4)工程部、品管部及生產線所使用之測試儀表，應定期校正。

(5)從來沒有做過的全新產品，應先「試做」，以期在大量生產前，發現問題。

2.機械問題

生產機器若調整不良，或機器不精確，或使用之工具夾具不良，均可能增加報廢品。

(1)平時應注意機器維護保養，使機器均隨時保持良好精確情況。

(2)重新改機後第一次做出來的產品，應先送製程品管人員檢驗合格後，方可開始大量生產，不能因爲從前生產過而掉以輕心。

(3)當生產過程中機器發生問題，應立刻停機，請技術員修理，不可勉強生產。若製程檢驗人員發現機器有問題時亦同。重新開機時，初步產品仍應通過品管檢驗。

(4)生產人員或製程品管人員對於機器產量應加記錄。若發現產出量不正常，要立刻反映，以便找出病因所在。

(5)自動機器運轉中，應密切注意，隨時抽查產品是否失去精確性。

3.材料問題

產品不良，部份原因即係由於材料不合規格所致。

(1)加強進料檢驗，使得生產線上都是合格好材料。不合格材料應退貨並要求供應廠商改進。材料驗收存倉，應妥予管理，勿使變質。

(2)如材料不合格而生產線又必須急用，須先經品管部工程部特認挑選或加工，然後上線生產，不可邊挑邊生產。生產時更不可只顧趕產量，不顧材料正確與否，拼命生產。

(3)如材料經進料檢驗合格，但在生產時發現為不合格材料，一方面仍應退庫退貨轉知廠商改進，一方面應主動通知品管部門加強檢驗。

(4)一切使用材料，料號規格均必須依照工程部所訂之用料清表之規定。如無工程部書面授權，絕不可因緊急而加以變換，或擅自使用代用原料。

(5)工程部對於每項個別材料，應訂定標準報廢率。此項比率應按月或按季修正。生產線如果發現壞料超過標準，應盡速通知進料檢驗人員加強該項材料檢驗，並通知採購單位轉知廠商改進。

4.製程問題

生產人員及生產過程的管制得當與否，為生產報廢多寡關鍵之一。

(1)生產線主任及領班應努力培養及灌輸作業員工之品質觀念，並指導其如何生產符合品質的產品。新作業員加入生產前，應先施以訓練課程。在生產時，應注意其有否為求成績好作業快，而故意浪費材料。在計算作業員生產效率獎金時，對於該員所生產之報廢品，應自其成績中扣除。

(2)除製程檢驗員外，生產線主任、領班及技術員亦須兼負品管責任，及早發現問題，早日解決問題，勿以只求品管檢驗過關（能騙則騙）為能事。但當產品被品管部退貨時，如生產線認有商榷餘地，應據理力爭（並非無理取鬧），會同工程等部重作評定。

(3)不論任何原因，所有產品在線上生產時，如報廢率異常，

超過某一程度時（應明確規定），線上有關人員應自動停止生產，立即通知有關部門，會同檢討改進。

⑷當產品在生產過程中，應以正常速度流動，切不可全做完某一站之後，才再繼續做下一站，以免某一站堆貨太多，以致在該站發生問題時，便造成大量報廢。

⑸如因各種問題須停止生產，或問題解決恢復生產，或材料變換等，均須由工程等部以書面為之，以昭明確及負責，更免糾紛。

心得欄

第 三 章

如何提升生產量

1 企業標準化作業

一、一切按標準作業卡進行操作

　　某知名企業的標準作業卡，該工作崗位的該項內容全部清晰明瞭地顯示在此作業卡內，操作人員可以根據此卡直接進行操作，一目了然，簡單易懂。如表 3-1 所示。

二、標準化工作方法

　　標準化是我們在管理中所已經產生的規則，但它並不是無法更改的。

表 3-1　按企業標準作業卡作業

生產運作記錄						記錄屬性	作業指導
作業屬性		標準作業卡			崗　　位	文件號	B034
生　　產					舊外投料	版本號	001
						頁　　碼	1
編　　制			校　對	審　核	批　准	生效日期	
序號	工步名稱	作業方法	過程風險評價	工裝工具	技術要求條件	異常處理	記　　錄
1	啟動前檢查	按表中要求進行檢查和確認	★★	目　視	正確執行表中要求	如有異常，須及時上報組長和主管	配料前檢查和啟動表（投料間）
2	領用稱量原料	將空稱量原料中轉桶推到稱量原料暫存間。	★	中轉桶、生產單	無	無	無
		在暫存間白板上找到所領生產單號原料的堆放貨架	★	目　視	核對生產單　號	如白板上沒有發現所領生產單號，通知倉庫稱量人員，並報告主管	無
		拆開大 PE 袋，拿出各袋原料放進另一空 PE 袋中。	★★★	生產單、備料單	逐包核對名稱、批號、數量	如發現有不符合原料，通知倉庫人員並報告主管	稱量原料備料單
		填寫領用記錄。		筆	填寫正確	無	稱量原料領用記錄
		推至舊外投料門口，交專人再核對。	★	無	無	無	無

3	核對稱量原料	據生產單核對實物名稱、批號，根據備料單核對數量	★★★	生產單、備料單	逐包核對名稱、批號	如發現不符合原料，不能交給內投料，並通知主管	稱量原料備料單
		核對無誤後交舊內投料，待核對	★★★	無	無	無	無
4	核對非稱量原料	同 NO.2	★★★	生產單，備料單	逐包核對名稱、批號、數量	如發現不符合原料，不能拆包，並通知主管	非稱量原料備料單
		核對無誤後準備拆外袋	★★★				
5	準備拆外裝	將放在輸送帶的原料提升至合適高度	★	無	高度達到操作者腰的位置	無	無
		用真空提升機將原料吸到拆包台，平整放好	★	真空提升機	平躺在拆包台，頂部在前面	無	無
6	拆外袋	用刀尖在頂部劃開外袋注意不能劃破內袋	★★	開包刀	手腕用力，刮開約 15cm 長	如刀尖崩口，停止拆包，報告主管	
		向下撕開外袋				如發現有內袋有漏粉，更換	
		將內袋從傳遞窗推進舊內投料間	★	手	雙手用力，平推進去	無	無
		將外袋收拾好放在指定位置上	★	手	擺放整齊	無	無

續表

7	班後清潔	按表中要求進行操作和檢查	★★	表中要求工　　具	正確執行表中要求	如有異常,須及時上報小組長和主管	A類清潔方式操作及檢查表－配料區域(I)
工時/節拍		過程能力Cpk	作業環境	勞保用品	HACCP體系	改訂項目	改訂理由	改訂者
100袋/小時,25kg/袋2500kg/小時			溫度<＝25℃濕度<＝70%	一次性發帽、口罩和手套	非CCP,非CP			

1.工作的標準化

一般按以下順序進行:

⑴制定工作生產活動最基本的標準

標準的設定要以穩定、高效地進行生產為前提條件,標準的對象不僅僅是操作,也包括為了進行這項操作而必備的條件(品質核查、設備條件、庫存等)以及工作方法。

⑵使標準得到完全遵守的管理活動

標準,如果制定出來了而又沒有人來遵守,那就只能是紙上談兵,這時標準就與沒有制定一樣。同時,即使改革過的標準化操作手冊或規程,如果不遵守,那麼改革結果也不會產生效果。因此主管在充分說明讓作業人員遵守標準的必要性和重要性時,另一個重要的工作內容是需要有計劃地對作業人員進行觀察,觀察其操作情況,為了生產的標準化作業能準確實施,對其進行反覆指導與訓練是鞏固標準化的重要過程。

生產主管需要針對標準的難以操作、或作業人員不能遵守的

內容方面，積極地聽取來自操作人員的意見，尤其是如果他們對設備或零件感覺有些不妥或異常的地方，主管有義務立即向有關部門的有關人員報告。

表 3-2　操作觀察表

新：新人；不：不合適；維：維持；改：改善；　操作觀察人＿＿＿＿＿＿

		1	2	3	4	5	1	2	3	4	5	1	2	3	4	5
實　驗　日																
操作人名，編寫人名																
不合適資訊，聽到的結果																
觀察次數		1	2	3	4	5	1	2	3	4	5	1	2	3	4	5
順　　序																
要　　點																
時　　間																
多餘的動作	次　　數															
	步　　行															
	操作方法															
	替　　換															
	臨時放置															
	距　　離															
	落後失敗															
	困　　惑															
	不知所措															
基　　礎																
原　　因																
處理對策																

讓操作者遵守已制定的標準是我們在生產管理中提高生產活動水準所必不可少的重要內容。爲此，我們首先要確定操作觀察的管理內容，並按時追蹤這些項目的進展。

⑶**將問題的表面化並及時回饋**

通過對人、物、設備的操作情況的觀察，讓與現行的標準相違背的異常情況和現象表面化，讓至今爲止很多員工還沒有認識到其對生產的影響的操作及品質的問題或它所造成的設備故障等現象的如浪費、不穩定、無理操作等問題進一步暴露得更加明顯，再來根據這些情況來確定必須由誰來對此採取對策，從而合理地給班組成員分擔各項任務。

如果自己能解決的工作問題就立即實施改善措施，如果自己不能很快解決的問題可回饋給相關的其他部門，請求幫忙其採取相關的對策。

關於資訊回饋的做法，有不少工具可以利用，除了採用 QC 手法、IE 手法、PM 分析法等進行分析之外，留意其他部門或員工提出的一些數據、資訊，並加以利用也是很重要的。

⑷**為進行更加高效地生產所做的改革活動**

多次強調，現有的標準並非最好的方法，它只是目前最好的方法，但不會是永久的最好方法。一個企業爲了要在市場競爭中生存並取勝，降低產品價格或提高品質的活動都是必不可少的，對於現場的管理者——生產的主管來說改善這項活動始終應擺在重要工作的位置上。所以，我們應該「在行動中追求完美」，最好的標準永遠是下一次。

一個標準可能在其產生的時候還不夠完善，但是經過多次修訂或改革就意味著它會變得更好。如果我們用改革、標準化來進

行工作標準的維護管理，隨著生產改革活動的不斷深入，我們的
生產製造工作也會一步步接近我們所希望的應有的模式。

　　生產標準化的另一個目標是持續提高生產標準的品質。因
此，我們需要提高標準的品質，讓標準改善進入 PDCA 管理系統的
良性循環比什麼都重要。所以，我們在引入現場管理機制的時候，
需要將「工作的標準化」及「PDCA 改善循環」作為開展各項生產
管理工作的基本管理內容來學習，以保證工作效率能夠穩定地提
高。

2.工作標準化和 PDCA 循環

　　在注意實現工作標準化時，應發揮人、物、設備「生產三要
素」所具有的能量，以 Q、D、C 為主要目標，實現「生產用戶所
需的商品就是生產現場工作的使命」，為達成這一使命，生產現場
的管理就具有了非常重要的意義。

　　在生產現場，人員進出、零件變更、工夾及具類的損耗等各
種條件的不斷變更，使生產的三要素也隨之不斷地發生變化。為
了快速來應對這種種變化，穩定地進行各項生產活動，我們就應
該牢牢把握住，儘量讓所有的工作都實現標準化，並在標準化的
基礎上進行 PDCA 循環。

⑴生產管理循環的 4 個步驟

　　生產管理循環的基礎主要是 4 個步驟，其中 P(PLAN)和 D(DO)
是各自分開的兩個步驟。

　　如何能夠使標準化進一步改善呢？現就 PDCA 的良性循環和
各步驟如何實施的要點說明如下：

①計劃：P(PLAN)

(決定目標)

我們應該從現有的各項生產現場的情況出發，來決定今後「做什麼、誰來做、做到何時」等內容就是我們的目標。而在制定這些目標時，我們有必要考慮以下的幾個要點來詳細地制定。

(決定需要完成目標的方法和策略)

如果僅僅只是提出目的和目標，而不去決定達到目的和實現目標的策略，就像單純地只是從精神上在喊加油而不去付諸行動一樣。因此，有了目標之後的緊接著的事情就是行動方案。

因此，為了在完成工作目標時，能夠最有效地活用人、物、設備、方法這 4M 的原素，就應該先確定下一步如何去做的結構和策略。

準確完成目標策略的諸項要點如下：

· 回顧工作過程，從中來瞭解之前未能達到目標的原因。

· 採用配置圖等工具來認清不良或產量無法提升的原因及程度。

· 決定策略的各個步驟、管理方法及管理項目等。

· 明確各類異常情況的應對方法。

②實施：D(Do)

這裏的 Do 包含了兩個層面的意思：

教育培訓工作——教育訓練工作：

如果我們一旦決定了需要完成目標的策略，就要尋找可以實施這些策略的人，這時發現我們有必要培訓實施這些策略的部屬。如果他們按照計劃接受了充分的教育培訓，不僅可以提高他們本身的技能，更重要的是還會讓部下所做的工作的品質獲得很大的提高，並且能夠進一步挑戰新的目標及新的課題。

教育培訓時的要點：

- 主管要言傳身教，要讓員工從 I see(我明白)→I understand(我理解)→I agree(我也認爲是這樣子的)一直到員工學會爲止。
- 主管要本著將實際工作授權給部下去做這一出發點來對下屬員工進行訓練。

實施工作：

這是指主管通過員工的工作來促成目標的完成，這同時也可以反映出組長自身職場的業績。這裏所講的工作範圍並不是單純的操作和操作指示，它還包含了要給班組成員一定的活動範圍、班組成員如何推動上司的工作、班組成員與生產的各相關部門之間的協調等比較廣泛的內容。當然其中最重要的是作爲監督者主管自己要首先行動。

③檢查：C(Check)

如果僅僅是靠你的命令、指示或教育，生產管理現狀的改變可能還是不會實現。爲什麼呢？因爲員工只做你檢查的，而不做你所期望的。所以作爲計劃和工作的監督者，主管應該定期按照目標、標準的要求對活動進行核查，才能夠瞭解工作和任務是否真的在按照你所需要的方向和速度發展。

檢查的方法主要有兩種，一種是用來檢查確認所佈置的工作是否按照標準在進行(主要是指各要素系列的核查)，另一種是用來檢查Q、D、C的產品能否順利地生產出來(主要是指結果系列的核查)。

檢查時注意的要點如下：

- 根據所管理的項目內容，把握生產的實際狀況。
- 不能僅僅巡視與觀察，還要採取不同的方式靈活應用檢

查、測試。

‧採用任何人簡單的方法進行管理，最好是每個人都能一看
就明白的方法，這樣每個人都可以明白自己是否真正完成
工作。

‧注意及時整理檢查的結果，所得出的結果不能散亂。

核查第一步是看能否對 4M(人、物、設備、方法)的狀態進行
正確的分析。為此，主管需要經常參照標準對現場進行巡視，這
一點是很重要的。

主管有必要在分析生產過程中 Q(品質)、D(交期)、C(成本)
的結果後牢牢抓住各要素的關鍵問題點。即重要的不是抓檢查結
果，而是要用結果進行生產過程的檢查。

另外，為了用結果對過程進行檢查，同時去瞭解數據的記錄
以及其產生的背景也很重要。

④處理：A(Action)

如果當檢查的結果顯示出我們已達到了預定的目標，我們就
應該開始回顧之前我們所採用的策略，並深入回顧各項標準的內
容，然後再設定並可以去挑戰更高的標準要求。而如果當我們脫
離了原先設定的目標或者標準時，就會發現那些引起生產異常的
要素，所以我們在瞭解這些要素後應及時予以處理，並修正過去
制訂的計劃及策略之後，再重新進入新的 PDCA 循環中。

以上處理方法中一定要注意的是：如果僅僅只是消除異常的
現象，而這個異常的情況卻是仍然會發生的。因此，關於之前為
什麼會出現這種狀況或情形，要首先反覆地問自己，用五個「為
什麼」來切實追尋到問題發生的根源，因為畢竟下一次防止問題
的再次發生，才是我們所需要的。

2　追求首次生產合格率

一、第一次就要把事情做對

在我們的生產工作中也需要有這樣一種精神，要爭取第一次就把事情做對，第一次就把工作做對做好！

可是如何去達到這個目標呢？

有一個方法叫果因關係，果因關係即是根據自己所建立的目標來尋找方法。

我們傳統的思路是從原因去推導結果，叫做因果關係。而事實證明，如果我們需要達到一個目標，就應該根據這個新的目標來尋找新的方法。只有這樣才可能完成並達到新的目標。

表 3-3

	因果關係	果因關係
邏　輯	方法/原因→結果	結果→原因/方法
心　態	悲觀、只看到現在	樂觀、已把握將來
效　果	無法完成/剛好達到目標	達到新目標
格　言	種什麼因，得什麼果	不是目標太大，而是方法太少

我們現在再來看一下，目標─戰略─效率

表 3-4

目　標	戰　略	效　率
獲得發展空間、晉升機會	做正確的事	第一次

表 3-5

(1)首先，確定自己想要什麼──發展機會、晉升空間	確定目標
(2)對過程進行控制──選擇在電梯裏見到老總	控制過程
(3)對可能產生的情況──事先預防，對白簡單	預防錯誤
(4)對可能出現的錯誤，「不害怕、不放棄、不接受」	建立標準
(5)尋求幫助──查資料、向人瞭解老總的經歷、風格	尋求幫助
(6)在變化中總結經驗，隨時應變──結合工作、設計對白	要求結果
(7)達到目標	一次做對

1.確定目標，做對事情

例如企業生產有很多個生產指標，只有 A 指標是完全符合要求的，B、C 離目標都比較遠。那麼，我們一開始就應該只關注 A 就行了。

2.優化選擇

目標確定以後，要對整個過程進行分析和比較，然後作出優化選擇。不能只管目標不管過程。

3.預防錯誤

控制操作過程是不能完全保證錯誤不會發生的，預防永遠是採取正確行動的最好方法。在錯誤發生以前，預防總是比錯誤發生後的檢查以及改正要高效很多。

　　預防其實是思考、分析和計劃的一個過程，準確的預測就可能發現錯誤，然後再採取行動避免錯誤的發生。其實，預防就是持續改進的一個過程。

　　所以，在工作過程中應把全部的工作錯誤分類，並找出錯誤為什麼會發生。我們就能及時消除這些可能產生錯誤的原因，那麼錯誤就會提前被解決掉，不會影響到結果。因此，預防的核心方法就是改進工作的一個過程。

　　過程控制和錯誤預防在進行之後，我們就會知道「怎麼去工作」，這是最重要的一點。有些人一輩子努力地工作，愚蠢的人才會像驢子一樣一圈一圈、毫無目的地低下頭來拉磨。

　　「怎麼去工作」是建立我們工作的一個標準。這個標準是可以衡量和評估的，同時是工作哲學的一部分。他的工作標準是「差不多」，所以他的工作哲學是「邊工作邊看著辦」；比如 B 對自己的工作標準不高，他心裏的工作標準只是「95%的通過率」，因此他工作的哲學是「儘量地完美，發生錯誤也是難免的。」而 C 的工作標準卻是零缺陷，對於他來說，就算是老闆當天在電梯裏不想說話，或者是電梯裏的人太多，他可能也會引起老闆的注意。可以看出他的工作哲學就是「第一次把事情做對。」

　　就算做到以上幾點，我們也不會說可以「一次做對」，為什麼呢？這是因為每個人都不可能是完人，單憑他自己的能力是不可能把全部事情每次都能做對做好，所以我們是需要協助的。人生旅途，任何一個人都可能尋找幫助，包括你的親人、朋友、事業上的導師、人生的領路人、工作中的夥伴、上級，甚至是素昧平生的人。除此以外，我們也可以從過去幾千年的人類歷史尋求幫助。最後，我們可以求助於整個社會。

上面所說的一切實際上就是爲了一個目標：要達到所要求的結果。反之，當你要達成結果的時候，你是可以運用「目標倒推」法的，你就會對目標的確定、過程控制、錯誤預防、標準建立等等建立一個清晰的概念之後，就立即行動去做！

既然知道了爲什麼去做，怎樣去做，你就能夠最大限度地做到「第一次就把事情做對」！

二、促產量需要一次性合格

1.什麼是一次性合格率

一次性合格率是指從產品生產的第一道工序開始，到結束最後一道工序爲止，一次性通過所有工序的良品比率，有人稱之爲「直通率」、「直行率」、「一次性通過率」。

一次性合格率是現場管理水準的尺規，它不但能夠讓產品的QCD 得到有效控制，還可以促進產量的提升。而生產管理中，只有產品的一次性合格率提高了，才真正意味著產品的 QCD 得到有效控制。

2.合格率與一次性合格率的區別

從原材料到單品材料，從單品材料到生產爲成品，這期間要經過很多道生產工序才能完成。在生產製造途中，有不少半成品、成品可能會因爲種種原因，不能按正常程序向前流動，有的要停下返工修理，有的要報廢處理。對於由需要經過很多道工序進行連續加工（尤指流水線）出來的產品，產品的好壞是由其品質好壞與否來決定的。

表 3-6

	合格率	一次性合格率
關注的重點	合格率追求的是最終的產品合格，不理會中途的變化 1.爲了趕工。有的工序在生產製造途中只顧產量，不顧品質。可能發生多次不良和多次修理。最終合格率計算時仍以所有的良品計算。雖然合格率高，但是修理人員卻很忙，其修理工時及材料消耗較大。 2.各個班次的不良率/差錯率的產品最後才計入合格品總數內。有時無法進行統計且對於不良品的發生原因及責任人無法調查。	一次性合格率注重產品生產的全過程，需要隨時注意生產途中的變化 1.產品在前工序因不合格被挑選出來，經修理後變成合格品，但計算一次性合格率時仍然需要扣除一次。 2.即使有二次不良，計算一次性合格率時只作一次計算。 3.不良品只在第一次出現問題時計入當班人員的績效中，修理合格後。不再計入任何班次裏。
對前後工序關係的影響	利用合格率的方式進行統計，前後工序之間是鬆散、獨立的關係，相互之間數據並沒有緊密地連動。 1.前後工序那怕天天修理，只要按時修好並出至後工序就行了，而且最終合格率還挺好的。有時中間工序急，前後工序都不急；有時後工序急，前工序不急。	一次性合格率是將前後工序之間視爲一個連動的整體，相關的統計數據也是連動的。 1.在生產過程中，以一次性合格率來進行計算後，前工序的員工就會明顯體會到來自後工序的壓力，就好像客戶在時時監督你。由於一次性合格率是依工序的增加而遞減的，越往後工序越低。如果前工序的不良率高，後工序的一次性合格率也上不去。在這種體制下，每個工序(部門)只有更加努力，多與別人配合，做得更多一點。才能換來最高一次性合格率。

　　傳統的產品合格率通常是按照產品的以最後一道工序所檢查出來的合格品的數量來進行計算的，即使其他的工序有不良的狀況，只要返工修理好，並在最後一道檢查工序中平安通過，最後就算是將產品算在合格範圍內。而此時，其實就顯露出了合格率這種計算方法和檢查方法上的局限性，因爲這樣的方式不能全面地反映產品所有工序的品質概貌，即使最後的產品合格率達到了 100%，也不說明在整個生產過程中沒有不良發生。而事實上，如果只看產品合格率，在各個工序生產中產生的不合格品進行修理 OK 後再投入到總量中來，便無法在產品合格率中有所體現。

三、如何實現一次合格率的最大化

表 3-7

確定目標	一次合格率最大化
工作順序	1.實行原單位管理模式，杜絕浪費。
	2.找出規定值與實際值之間的差異，並採取相應的對策。
	3.將對策方案條理編入《4M 標準操作書》中去。
	4.制定合格品改善的目標值，並以此進行編制實施計劃。
	5.與技術部門進行協作，分析以及實施對策。
	6.用變更過的設定值爲基準，修訂《標準操作書》。
預防錯誤	1.不良品要仔細辨認，避免誤判斷。 加工工序內如果發生不良品以及在檢查工序(QC)過程中檢出不良品，應交給初級管理人員(拉長、組長、主管)來進行確認；如 QC 檢驗出不良品，就應該交由管理人員(工廠主任、主管)進行確認。

預防錯誤	2.必須第一時間解決不良。 　不良的情況是由很多原因造成的，但是，如果情報及時回饋以及技術人員和管理人員能夠緊密的配合，大部分的不良就可以儘快找到對策。 3.修理完後首先要自檢，避免出現二次不良。 　為了避免在修理過程中可能導致新的不良情況發生，在平常就應該對修理人員進行全方位的培訓。不但會修，還有養成自檢的習慣。自檢合格後才能重新投入到生產中。 4.一次性檢查完全部項目。 　要儘量一次檢查完全部可以檢查的項目，將所有不良的項目一一列出，方便修理人員一次修理完畢，同時避免二次不良的出現。如 QC、QA 檢查時，中途遇到不良，也會就此打住，仍然可以繼續檢查下去(實在無法進行的例外)，直到該檢查工序所有的項目都結束為止，最後把所有不良的項目一一列出來。
建立標準	1.一次性的合格率越高，額外修理的工時就越少，線上庫存越少，自責損金就越低。如果合格率呈現低迷狀態的時候，這三種可能性都可能發生。 2.直行率隨著工序的增加而遞減，越是往後，工序就越低。 3.從單個工序來看，一次性合格率就是合格率。 4.修理後發生二次不良，只能等於或小於前工序一次不良之和。 5.要及時處理不良，是提升一次性合格率的最好方法，就是遲那麼一分鐘的後果都很嚴重。 6.由多重並列複雜的部件構成總裝線的時候，部件本身的一次性與總裝線的一次性合格率就要進行單獨計算，不適宜運用加權合併計算。
尋求幫助	請技術人員在生產現場駐點，以便生產中一有問題，就能和生產人員一道攜手解決。QC、QA 人員在中途進行隨時檢查。
要求結果	在管理中總結經驗，減少不良率；增強各個工序之間的協作。
一次做對	讓一次合格率變為 100%。

對生產的各個工序進行嚴格的控制，各個相關工序的主管可以根據其中的順序瞭解自己在生產控制中的要點，達到一次性合格率最大化，並經常維持生產損耗的最小化及生產改善的良性循環。同時，爲促進產量提供有利的保障。

3　如何提高生產效率

所謂生產效率，廣義來說，就是生產力；狹義來說，乃是以生產線作業員的產出量或產出值來表示。目前的生產管理，對於各產品各項製造過程，均訂有「標準產出率」，亦即在每單位小時中，其產量標準爲若干。如果從這個觀點來看，提高生產效率，包含兩種意義：

(1)清除無效的作業時間，加快工作速度，提高作業員實際產出率與標準產出率的比率。例如標準產出率爲每小時 1000 件，某作業員當日工作八小時的實際產量爲 7200 件，則其生產效率爲90％。

(2)改良設備、製造程序或操作方法，提高標準產出率。以上例言，例如將標準產出率提高訂定爲每小時 1200 件。

企業經營，爲求分工合作發揮整體效率，多以分部份層加以管理。提高生產效率，並非僅是生產部門的職責，更非僅靠壓榨生產線作業員即可求得。事實上，各部門各階層人員效率的高低，均足以影響生產效率。欲求提高生產效率，必須激勵及要求各部

門密切配合，否則必然效果不彰。分述如下：

一、工程方面

　　工程為產品形成的根源。好的開始是成功的一半，提高生產效率，首先必須對工程效率加以要求：

1.產品設計必須考慮週全

　　(1)產品及原料的規格，必須訂定清楚。如果規格混淆不清，在生產時極易造成爭執，或修修改改，或導致產品報廢，而使所花原料及人工等遭致損失。

　　(2)產品規格及使用的材料，應盡量減少變更。任何變更，均亦將導致產品修改或報廢而發生損失。但如產品設計錯誤，切不可因循苟且，應及早斷然加以改正。

　　(3)產品規格與實際要求應配合允當。規格過於嚴格，超過實際需要，所謂過度工程化(Over-Engineerjng)，必然造成生產困難。

　　(4)產品設計時，必須考慮大量生產的可行性。所設計的產品，應盡量可使用機器生產，生產程序應求簡單，材料應盡量使用市面上已有的大量規格品。

　　(5)對於每一產品的報廢率若干，應加訂定，並隨時研究修訂，以作為控制的根據。

2.設立「標準產品」

　　每項產品必須設立「標準產品」，並測定標準讀值，以供比對：

　　(1)如果產品是按照客戶所訂規格而生產，由於雙方儀表常有誤差，因此必須將該標準產品連同我方讀值，再送請客戶讀取規

格值後送回，以供作為比對校正標準。雙方儀表的誤差，常導致客戶退貨。在目前「消費者主權」時代，忍氣吞聲的常是賣方。為避免退貨損失，必須防患於未然，「比對校正標準品」十分重要，務須努力取得。

(2)生產線主管對於設計圖面上所列觀格、製造程序、以及標準比對品規格，均須徹底瞭解後，才可開始生產。如有疑問或困難，必須立即反應，會同工程人員研究清楚。產品生產後，如果發生工程問題，也應立刻提出，工程人員則應盡速加以解決。

(3)工程部、品管部及生產部所使用的儀表，必須定期加以校正。如生產時發現規格讀值有差異，應先檢查儀表是否有所誤差。

3.應設立產品試做制度

對於全新從未做過的產品，尤其是製造程序較複雜，或規格難以達成者，應先行試做小量，以期在大量生產前，發現工程上及製造上的問題。如有需要，試做品應先送客戶使用，並追蹤試用結果。

4.加強研究發展

除新產品及新設計的發明與創新外，對於現有的產品，也應隨時研究改良，例如：

(1)產品結構及材料可否加以簡化？

(2)可否變更設計，以簡化製造過程節省工時？

(3)可否將產品規格允差，加以放寬？

(4)可否設計更簡單有效的檢驗或測試工具？

(5)可否改變設計，省略、簡化或縮小某種材料？

二、工業工程方面

工業工程的主要任務，在確立並改良製造程序，建立並改善工作方法，以及訂立標準工作時間等等，對於協助、監督及提高生產效率與生產管理，佔有舉足輕重的地位。各企業宜重用工業工程師，協同改善工作效率，分述如下：

1.確立並改良製造程序

(1)對於生產線上人員及機具的配置，須隨時檢討研究改進。為求縮短標準工時，須設法設計適當的工具及夾具，以及研究如何增加每人操作機器台數。

(2)對於每種產品的製造過程，以及選用何種機器、工具及夾具，須根據工程及品管要求，通盤加以考慮後決定。產品生產後，對比並須隨時研究改良，例如變更或減少製造過程，改用他種機器等。

(3)利用價值分析技術，研究某些製造程序是否以外包為宜。將某些製程外包，一方面可降低成本，一方面可集中人力從事較複雜的製程。

2.建立並改善標準工作方法

(1)運用動作與時間研究，對於每一工作站的操作方法，加以標準化。但標準化並非僵化，訂立後仍應研究如何改變以縮短工時。

(2)應訂立訓練制度，對於新進作業員先加訓練後再投入生產，對於現有作業員則應相機施以在職訓練，以達到少數精銳主義，或培養兼擅數種工作的多能工。

3.訂立標準工作時間

(1)對於每一工作站，必須運用動作與時間研究，訂立標準時間，以作爲作業員努力的目標，以及獎工制度等的依據。訂立後，並應隨時分析研究可否經由動作方法、材料配置、以及機器速度的改變，縮短標準工時。

(2)須訂立生產效率測定制度，以便明白每位作業員以及每條生產線的生產效率爲若干，並顯示生產效率差異產生的原因，以便針對原因加以改善。

三、機器設備方面

機器及設備是否精良，其自動化程度的高低，成爲生產力高低的決定因素。在運用現有設備時，欲求提高生產效率，必須注意下列幾點：

1.保持機器的精確度，減少停機時間

(1)機器停頓將使作業中斷，造成極大的損失。而且機器愈自動化，或效率愈高，機器停頓的損失愈大。爲減少停機時間，必須建立維護修理組織，設立每日及定期維護檢查制度，以保持機器的良好運轉及精確度；對於易於損壞的機器零配件，應建立安全存量制度，以便隨時換用；機器因故障而停頓，應立即全力加以搶修。

(2)因更換產品而改機後，第一次生產出來的產品，應由製程品管人員加以檢驗，合格後方可大量生產。生產時，如發現機器運轉不正常，應立刻停機檢查修理，切不可因趕產量而勉強繼續生產。修好重新開機生產時，仍應將初次產品送品管檢驗合格後

再行生產。

(3)對於自動機器，應訂立制度，在機器運轉中，抽查產品是否失去精確性。

(4)停機時，應盡量安排原操作人員改變生產其他產品，或從事重修、再生等工作，不可任人員閒置，以免浪費時間，並影響其他人員的士氣。

(5)盡量實施二班制或三班制，提高機器使用率。

2.改良現有設備

現有設備如果加以改良，加快運轉速度，降低故障率，簡化製造方法，增加機器功能，提高產品品質，都能對於生產效率的提高，產生立竿見影的效果。企業內部人員對於設備改良，因日常事務甚為煩忙，多不願努力推行。因此，企業管理當局除應以毅力及決心強力推動外，並應訂立獎金制度，加以鼓勵。

四、料管及生管方面

巧婦難為無米之炊，生產排程是否恰當，材料供應是否及時，材料品質是否優良，對於生產效率影響甚為鉅大。

1.減少斷料時間

(1)材料準備過多，將造成資金的壓力及呆貨的隱憂；材料供應不及，將造成生產線停工待料，損失不貲。因此，應設立物料管制制度，對於材料排程及跟催，應加以嚴密管制及執行。規模較大的公司，除設有物料管制人員及採購人員外，常設有跟催員加以催料。

(2)產品設計時，應盡量併用市面上現有的標準材料，或對此

稍加改變後的材料。標準材料易於採購,即使是緊急採購,也常能應付。特殊規格材料,不但價格較高,而且必須逐批定製,需時甚長。

⑶各項材料,原則上均應保持二個以上的料源,以保持彈性。當某一協力廠商發生交貨遲延時,並應會同該廠商共同研究問題所在,輔導其研究解決方法。

⑷對於材料種類,尤其是同類但尺寸不同者,應設法減少。此外並應設立嚴密的庫存管理制度,掌握正確庫存量,減少材料變質。

⑸向國外採購的材料,應設法轉而改向國內採購。國外材料不但交貨及運輸期限較長,如果發生交貨遲延,由於鞭長莫及,催貨也甚困難。

2.控制材料品質

⑴應設立料源核准制度。材料使用前,對於協力廠商的信用及能力應加調查。對於所要採購的產品,應請廠商先送樣品加以檢查並核准。料源核准是確保材料品質的第一步。

⑵應設立進料檢驗制度,每批進料,均應加以檢驗。進料檢驗疏忽,檢驗儀器及檢驗方法不良,極易使不良材料蒙混過關。材料品質不佳,將造成生產困難,或浪費時間對材料加以修改或挑選,甚至導致產品被客戶退貨,不可不慎。如果材料因品質不佳予以退貨或仍勉強接收使用,應將品質缺點通知協力廠商改進,或派員輔導改進。

⑶如果材料品質不佳,但生產線必須急用時,仍須先經品管部及工程部人員鑑定特認並挑選或加工後,才可上線生產。料管及採購人員平常則須善為安排進料及催料,以免廠商故意遲延交

貨，造成非特認接收不可的局面。

(4)所使用的材料種類及規格，必須以工程部所訂的用料清表作爲根據。如需使用代用材料，也須經過工程部的試驗及核准。

3. 生產排程要適當

(1)生產管制人員，應根據訂單、機器、材料及人員的情況，與生產部門共同會商研究，編排適當的生產排程。生產排程不當，將無法使生產順利及連續，影響生產效率。

(2)應設立制度及報告，逐週顯示實際及預計生產的比較數，逐月顯示生產量有否超過訂單的數量，並加檢討。如產品無法準時產出，常須爲趕貨而作各種特殊安排，必然影響生產效率。生產超過訂單數量，常易造成呆貨，使所花費的人工變成虛功。

五、品管方面

品管部門的任務，非僅是品質的檢查，更應積極的透過品管的檢查及情報回饋，協助生產部門提高生產效率。品管問題也並非僅是品管部門人員的責任，而是全體人員尤其是生產線作業員的責任。

1. 應設立全面品管制度

全面品管包括設計品管、進料品管、製程品管、成品品管、以及品質保證，凡此均須設立制度加以管制。不良品及廢品的發生，都是生產效率的浪費。各種品管檢驗的結果，均應立即以報表回饋生產及工程部門，以供檢討改進。

2. 品管規格應求允當

品管規格應根據客戶要求及工程需要而訂定。品管規格過於

嚴格,將提高內部品管退貨率及產品報廢率,造成生產效率無謂的損失。

3.檢驗儀表應定期校正

檢驗儀表發生誤差,不但容易造成生產、品管、工程部門間無謂的爭辯,以及產品在成品品管站及生產線間出出入入的損失,也極易造成客戶的退貨。

4.應努力培養全員品管的觀念

品質管制須賴全體員工共同致力達成。品質檢查只是對產品品質的「結果」加以檢查,品管應更進一步對造成品質的「原因」或過程加以管制。因此,全公司每人都要直接或間接負品管責任,尤其以生產線作業員為然。此種全員品管意識,須由各級管理人員對所屬員工,在平時不斷加以培養,並設立各種制度努力促成。

六、銷售方面

在目前「行銷導向」時代,銷售彷如火車頭。火車頭如偏離軌道,其嚴重性可想而知。欲求加以補救,也將是事倍功半。

1.客戶訂貨

(1)對於客戶所要求的交貨排程,應盡量要求給予足夠的準備期間。緊急交貨的要求,必然造成生產線在機器及人員方面的緊急權宜安排,降低生產效率。

(2)如果客戶要求改變工程規格,應協商客戶將已生產舊品全部接受。如果要求變更材料,應設法勸服客戶允許用完舊料後再行變更。

(3)交涉訂單時,應設法列入「取消訂單賠償條款」。客戶取清

訂單時，應加索賠，以謀補償。

　　2.**接受訂單**

　　(1)接受訂單時，必須要求客戶提供詳細完備的產品圖面、規格及檢驗標準等資料。對於各項規格，如有疑問，應會同或協助工程人員與客戶理清。

　　(2)客戶要求工程規格變更時，應請客戶以正式書面通知，以免事後賴賬。

七、間接部門方面

　　其他間接部門，對於生產效率，也有相當關聯。例如：

　　1.人事部門須加強工人招募，避免造成人力缺乏。目前我國人力稍有短缺現象，此點相當重要。又對於交通、伙食及福利安排，也須加努力，加強員工向心力。

　　2.會計部門須加強分析生產效率、報廢率、以及直接間接材料用量及成本等，提供生產部及有關部門，作為追蹤檢討的參考。

　　3.安全衛生部門對於工廠安全衛生設施及措施，應予加強，締造良好的生產環境。

　　4.工務部門對於水電設施，應善加保養維護，以免因斷水斷電造成生產中斷。

八、生產方面

　　其他各部門工作上的配合是否良好，固然足以影響生產效率，但生產效率好壞與否，最主要的關鍵，還是在於生產部門的

管理。

1.加強組織，設立制度，提高人員效率

(1)生產部門人員眾多，首應按照產品性質分設生產線。每一生產線除作業員外，並應視情況設立領班、技術員及主任(或稱線長)等。對於每人工作權責，均應加以明白確定。各級主管應以民主領導方式，配合各項制度，激勵員工士氣，提高生產效率。

(2)生產部門應設計各種表報，例如生產排程表、流程單、入庫單、生產量控制單、報廢單、以及人員出動報告表等，確實掌握生產情況。

(3)應設計有效的效率獎金制度，確使作業員因效率的高低，獲得不同的生產效率獎金，激勵其不斷提高生產效率。

(4)對於各生產線成績，除生產效率外，對於產出率、報廢率、品管退貨率、及原料超領率等，也應設計表報制度，逐日加以記錄，逐週以報表顯示，並加追蹤檢討。為發揚團隊精神，可設立生產競賽制度，使各生產線按照上列生產成績，按月互作競賽，成績優良者發給獎金及獎牌。

(5)應設法減少搬運材料及從事雜項工作的人員，盡量使所有人員投入生產。

(6)製造過程中，如果在製品在某一工作站堆積，造成瓶頸，應即設法研究原因或困難所在，儘早排除；或多派人力，速予消化。

(7)應利用價值分析技術，研究廢品是否應予拆除並回收可用材料，或逕予報廢。

2.加強生產人員的品管觀念

(1)生產線主任、領班及技術員，必須課以品管責任。如果發

現問題，應及早提出解決，不可存有矇混過關心理。

(2)對於作業員，應努力培養及灌輸其品質意識，並指導及監督如何生產符合品質的產品。生產效率獎金辦法中，對於成品品管退貨或客戶退貨，應有扣分扣獎金的規定，使作業員產生切膚之痛。

(3)不論任何原因，當某一製程站報廢較多，超過規定比例時，應立即停止生產，通知有關人員，會同檢討改進。

心得欄

_____

_____

_____

_____

_____

_____

4 設法提高設備運轉率

　　一般來說，作爲一個企業對於設備的投資極爲慎重，而且購買設備的支出費用是十分巨大的，同時由於購買設備所涉及到的因素眾多，因而企業不可能即時購買生產設備來對產量不足這一現象進行補足。

表 3-8　設備綜合效率水準評價表

損失類型		水準 1		水準 2		水準 3		水準 4
故障損失	1	突發、慢性故障併發	1	大部分是偶發故障	1	確立以時間爲基礎的保修體制	1	以條件爲基礎保修體制確立
	2	事後保修＞預防保修	2	事後保修＝預防保修	2	事後保修＜預防保修	2	預防保修
	3	故障損失有多大	3	發生故障損失	3	故障損失 1%以下	3	故障損失 0.1%～0
	4	自主保修體制的不完備	4	自主保修體制正在完備中	4	開展自主保修體制的活動	4	自主保修體制的維持和改善
	5	部品壽命的不規則性大	5	推定部品壽命	5	延長部品的壽命	5	分析部品的壽命
	6	設備的弱點不明	6	出現設備弱點實施改良保養	6	對信賴性，保修性關心程度高	6	促進信賴性，保修性的開展
準備作業損失	7	對作業者的工作無控制狀態	7	實施作業的水準化(內、外準備作業區分順序)	7	內準備作業的外準備事業化	7	到達極點狀態
	8	在混載的狀態下時間的不規則性大	8	存在時間不規則性	8	調整設備和與其對應的要充分考慮	8	依據調整排除

續表

準備作業損失	9	設備性能不明確性狀態	9	針對速度損失集約	9	對於事項實施改善，試行中	9	通過設備性能開動，通過設備改良運用性能異常的速度開動
速度損失	10	沒有按品種別，機械別設定速度	10	問題點(設備、品質的)	10	按品種別設定速度問題點和設備器工具程度上的關係明確化	10	按品種別設定速度(本標準)加以維持
	11	速度的不規則性大	11	按品種別設定速度，維持(指定標準)	11	速度故障小	11	速度損失為「0」
瞬間調整時的調整損失	12	對瞬間調整時的大幅度，對作業者的工作毫不關心	12	速度的不規則性小	12	對瞬間調整時問題點的關鍵要採取對策並保持良好的狀態	12	瞬間停止「0」狀態(無人操作)
	13	發生部位，頻率不規則性。混載狀態	13	瞬間調整時定量化實施中(發生頻率、場所、損失量)	13		13	
不良損失	14	形成慢性不良方針	14	實施慢性不良的定量化(發生頻率、場所、損失量)	14	實施慢性不良的問題點集約和對策，保持良好狀態	14	不良故障0.1%～0
	15	雖然準備了各種對策但效果不好	15	現象的差別和發生損失的解釋，實行錯誤的對策	15	不良發生時的程度問題的研究	15	

作為主管，我們在進行生產管理時，也要懂得如何善於利用現有的資源。在某一程度上來說，一個企業設備的多少會決定這個企業的產量。但是事實上，可以說任何一個企業都無法保證自己已經對設備的利用率達到了 100%。因而如果我們的主管在生產管理中能夠對這些設備善加利用，加大它的利用率，使它能夠發

揮出其應有的效能，爲企業生產出更多的產品。

要促進產量必然要讓設備長期處於正常的運轉情況之下。很多時候，我們卻忽視了故障背後那巨大的冰山。只有在設備故障發生時，我們才會發現問題的嚴重性，其實設備的故障只是設備運轉不正常情況下的冰山一角。因此，我們應該把這些潛在的缺陷控制在現有的狀態，防止故障進一步擴散。

把深潛在缺陷控制在現有狀態，防止故障的擴散！！

一、設備自主保全的流程

第一步：初期清掃，發現缺陷能力的培養，運用 5 感找到缺陷。

1.活動內容
(1)以設備本體爲中心，清除垃圾髒物。

(2)清除廢物。

(3)製作 4 項的列表。

2.對設備的目標
(1)清除設備上的垃圾，髒物，找出其潛在的隱患。

(2)清除設備老化，不合理的地方。

(3)讓檢驗設備

(4)工作變得更加方便。

3.對人的目標
(1)將清掃變成團體活動。

(2)讓執行者學習領導技能。

(3)提高員工的觀察能力、思考能力、動手能力及重視設備的

想法。

(4)讓員工明白清掃就是對設備進行檢驗。

4. 主管的指導和援助

(1)以直接體驗作爲首選方法。

(2)傳授什麼是垃圾，設備老化。

(3)傳授以清掃爲中心的清掃，加油的重要性。

(4)傳授「清掃就是檢驗」的理念。

第二步：發生源，困難減少對策-改善能力的培養，改善設備清掃困難的地方,改善點檢困難的地方,找到發生源進行改善。

第三步：清掃、加油，產生防止老化的能力。作業者自己要遵守的設備管理基準書的要求。

1. 活動內容

(1)傳授設備的潤滑技能。

(2)對潤滑進行大檢查。

(3)做好在確定的時間內清掃，加油的準備。

(4)形成設備管理潤滑體制。

2. 對設備的目標

(1)改善設備加油困難的地方。

(2)實施目視管理。

(3)確保設備基本的條件(清掃，加油)，防止設備老化。

3. 對人的目標

(1)讓員工自我確定改善的基準並自我實施。

(2)瞭解維持基準的重要性，使個人作用和集體行動相結合。

4. 主管的指導和援助

(1)準備潤滑管理規則。

(2)傳授設備的潤滑，檢驗程序並指導實施。

(3)傳授員工產品製作清掃，加油的基準的方法，進行指導和提供及時的援助。

第四步：總點檢，培養知道設備構造的能力。正確地處理異常，具備對設備小故障的產生判斷設備異常的能力。

1.活動內容

(1)教育檢驗技能總檢驗。

(2)改善檢驗方法和設備。

(3)建立在確定的時間那檢驗的基準。

2.對設備的目標

(1)清除，改善老化，不合理的地方使目測管理更徹底。

(2)改善檢驗困難的地方。

(3)確保日常的檢查清除老化的狀態，提高對設備的信賴性。

3.對人的目標

(1)學習檢驗技能教育中設備構造，機能老化的判定標準，使檢驗技能提高。

(2)熟悉對簡單的不合理的對策根據領導傳授的東西學習領導技能。

(3)學習檢查數據的方法，整理方法解析方法並瞭解其重要性。

4.主管的指導和援助

(1)準備總檢驗的目標表，目錄，教材，進行總檢驗教育。

(2)製作總檢驗項目。

(3)傳授簡單的不良解決法。

(4)傳授目測管理，改善困難的進行方法。

(5)傳授怎樣取捨檢驗數據。

第五步：自主點檢，要求員工理解設備和設備的機能構造，可以達到理解加工點的水準。

1.活動內容

(1)製作自主保修的基準

(2)以設備爲對象，做好一個活動。

(3)維持基準，充實的保修。

2.對設備的目標

(1)應用個別改善成果報告再總觀目測管理。

(2)維持信賴性，保修性高的好工程，設備。

(3)實現以上的現場。

3.對人的目標

(1)綜合理解工程，設備。

(2)提高預防故障的能力，形成強化設備的能力。

(3)形成集團式的自主管理。

4.主管的指導和援助

(1)制定自主，專門保修的檢查分擔。

(2)傳授基礎的保修技能。

(3)傳授防患故障於未然的事例。

(4)傳授工程，設備的特殊構造，機能，理解全套系統。

第六步：工程品質保證，提升員工 4M 和品質的原因管理的能力。可以明確地理解品質和設備的關係，並在不良發生以前採取措施。

1.活動內容

(1)進行防止不良發生的活動。

(2)進行不製造不良的活動。

(3)保證工程，設備的品質，使不良率為 0。

2. 對設備的目標

(1)再看品質保證項目。

(2)實現提高信賴性的不良品後工程。

(3)再看樣品條件。

(4)實現提高不造成不良品的工程，設備。

3. 對人的目標

(1)形成提高設備，品質的能力，實現工程化。

(2)具有個人自主管理能力。

4. 主管的指導和援助

(1)傳授工程品質，樣品條件。傳授要求—要因—結果之間的關係。

(2)傳授簡便執行 5 條件。

(3)傳授簡化 QA5 條件。

(4)傳授保證品質的設備動作，加工原理。

(5)分擔運轉，保修，品質保證，生產技術，製品設計部門，對應相應的品質。

第七步：自主管理，設備和現場管理體制化的構築

1. 活動內容

(1)現在的 TPM

(2)維持。

(3)改善。

(4)繼承。

2.對設備的目標

指向維持 0 事故，0 不良，0 故障的目標。

3.對人的目標

(1)形成自我發現問題，解決問題的習慣防緩異常，故障，不良於未然。

(2)開展實施進行自主管理，自主企業，工廠方針。

4.主管的指導和援助

(1)援助維持，改善，界定 TPM 的活動。

(2)提高技術。

(3)以第二代 TPM 為目標。

二、如何增加設備綜合利用效率

設備真正可以為企業創造價值的時間只是在價值加動時間裏，因而提升設備的利用率主要在於減少休止、停止、速度、不良所帶來的損失時間。以下是設備綜合效率的表達公式：

$$設備綜合效率＝時間加動率×性能加動率×良品率×100(\%)$$

$$=\frac{加動時間}{負荷時間}×\frac{理論 C/T×生產數量良品時間}{加動時間}×100(\%)$$

$$=\frac{價值加動時間}{負荷時間}×100(\%)$$

表 3-9

設備利用時間損失結構				舉　例
正常出勤時間	停止時間	休息時間		影響設備運轉的時間＝人的休息時間。
				生產計劃規定的休息時間。
		管理對象外時間		晨會(每日 15 分)，會議、訓練，消防演習，預防注射，健康檢查，盤點，試作，σ 動力設施之停止等引起設備之停止時間。
		計書停止之時間		計劃的預防保全，保養時間。
				TPM 活動日。每日下班之清掃 10 分鐘。
		無負荷時間		採購部延遲交料
負荷時間	停機時間	故　障		設備突發故障
		換工程，調整		模具，夾具等的交換，調整，試加工等。
		自工程疏失停止		自責項目中包含的時間。
	運轉時間	速度損失	空轉，臨時停機	運轉時間——(加工數×C.T)
			速度低減	設備基準加工速度－實際加速度。
				加工數*《實際 C.T－基準 C.T》
		實質運轉時間	不良損失	正常生產時產生不良品的時間。
			不良修整	由於選別，修理不良品而導致設備停止有效稼動。
			暖機產率	生產開始時，自故障小停止至回覆運轉時，條件的設定，試加工，試沖等製作不良品之時間。
		有效運轉時　間	價值加動時　間	實際產生附加價值的時間。
				生產良品所花的時間。

5 如何管理班組成員的工作時間

主管對於下屬的工作時間如何管理主要體現在如何合理安排員工的工作任務上。

1.掌握工作進度

主管應對班組中員工的工作時間進行登記，直接掌握每天的工作時間，瞭解員工每天的工作任務安排的合理程度。

2.對工作任務進行分配

⑴明確分配工作任務的重要性

主管首先要對整個班組的工作目標有整體的瞭解和把握，然後要明確應該如何實現這些目標。主管在把任務分配給員工的時候要將工作內容描述清楚。把這些具體的工作任務分配給自己手下的員工去完成，這樣可以讓自己留出更多的時間來對班組成員進行管理、幫助他們提高技能、保持員工隊伍的工作士氣。

⑵分配工作任務的策略

在分配任務前，主管要明確什麼工作任務是可以或者應該交給下屬去完成的。主管先要確定自己的核心工作職責。然後，再確定看有那些職責可以交給手下的員工來承擔，有那些工作任務可以交給他們來完成。即使有的工作很重要，但是它並不是你作為主管應該去完成的，或者有可能你承擔這些工作會對你管理整個小組有影響，那你就應該放手將這些工作交給你的下屬去完成。

表 3-10

工作人員（包括主管）	A	550	120	130
缺勤人員	B	53	10	12
出勤人員	C＝A－B	497	110	118
出 勤 率	D＝(A－B)/A×100%	90.36	91.67	90.76
基本工作體制	E＝	25×8		
基本工作時間	合計 F＝C×E			
加班時間(G)			7	4
對象人員（人）	H		9	5
加班時間合計	I＝G×H		99400	22000
遲到、早退時間	J		5	
總工作時間	K＝F＋I－J		99458	
班組會議		2		
5S 活動		4		
改善活動		6		
維護、保養		8		
QC 小組		5		
間接時間	合　　　計	25		

⑶在給員工分配工作任務的過程中應用常識

分配工作任務之前，主管要瞭解班組成員的工作狀況，及他的工作量或工作負荷程度。如果一名工作能力很強的員工本來已經很忙了，他為了完成手頭的工作任務常常加班加點，則不應該再給他分配新的工作任務。儘管你對他十分認可和信任，但是這對他來說並不是好消息。

⑷讓員工明白工作任務的重要性

如果你決定把某項工作交給你的一名下屬來完成，一定要告

訴他爲什麼要由他來做，如果是一項複雜的工作，你應該與他一起制定工作計劃。有時也可以把你們交流的內容同其他成員一起來分享。這可能會給你的整個工作帶來幫助，因爲這樣你能夠得到全體小組成員的回饋，讓他們瞭解某項工作任務的進程會給小組每個成員帶來的影響。

⑸**給員工成功完成任務的機會**

在決定把某項工作任務交給某名員工完成之前，一定要確定他有成功完成這項任務的能力，在必要的情況下要給他們提供指導和培訓，不要想當然的認爲所有的員工都有能力自己應對所有的問題。要向員工明確說明你對他們的工作預期，同時密切監控工作的進展情況，以便在你預計到工作進行過程中可能會出現的問題時，可以爲員工成功解決這些問題提供必要的支持。

⑹**分配工作任務時要檢查自己的個人動機**

有的主管經常都背著不太好的名聲——因爲他常把那些不好完成的工作任務、或者是那些「燙手的山芋」交給自己的下屬去完成。在你決定把某項工作任務交給自己手下的員工去完成之前，先問問自己爲什麼要這樣做。然後再問自己如果他遇到問題時你是否可以幫助他來完成。如果答案是否定的，建議你不要這麼做。

注意：如果不是特別緊急的生產任務，建議分配工作任務的時間最好在下午或下班前，這樣可以讓員工在下班後有時間對其第二天的工作預先進行思考，並在第二天可以儘快地進入工作狀態。

3.減少漏失時間

⑴在工作中，對工作中漏失的時間，如等待、生產故障、其

他原因的時間浪費要儘量避免。

(2)對於減少不合格品，要一氣呵成，提高產品一次合格率。

(3)對於由於作業熟練程度的漏失，要重點管理。

(4)減少會議時間：會議要開得有成效，要能夠解決問題。

會議成本的演算法是：會議成本＝每小時平均工資的 3 倍×2×開會人數會議時間(小時)。

公式中平均工資乘 3，是因為勞動產值高於平均工資；乘 2 是因為參加會議要中斷經常性工作，損失要以 2 倍來計算。

6 物流配置的合理化

1.不讓等

在生產工廠內進行目視化管理，各類物品的擺放要有限度，不得高於或低於某一範圍，一超過範圍即應該進行及時補充。這樣做一方面可以隨時查看物料運用的多少，一方面又可以控制物料滯留在生產工廠內的總量，既保證了效率又控制了成本。

每天填寫材料剩餘清單，對於材料的多少要做到心中有數，線上庫存存放時要與倉管人員及時溝通。尤其是生產的輔料，雖然採購的量不大，但是如果不及時補充將可能使生產過程停滯。

2.不讓找

對於所有的材料進行清晰的標識，以便於拿取和存放。

表 3-11　××絞車工廠物料剩餘清單一覽表

物料代碼	說　　明	每台量	計量單位	是否需要補充？
1000	軸 1 英寸×4 英寸	4	件	
1100	輪 6 英寸	4	件	
1200	滑 車 架	1	件	
1300	鋼絲繩 1/4 英寸	50	英尺	
1400	吊鉤 2 噸	1	件	
D100	輪　鼓	1	件	
G100	齒 輪 箱	1	件	
M100	5 千瓦電機	1	件	
1500	電線——3 線	15	英尺	
1600	控 制 盒	1	件	
S100	傳動軸 1 英寸×24 英寸	1	件	

⑴**設備的辨識與使用**

進行設備區域擺放的標識，可在地上畫線，確定設備擺放的區域，讓使用者一目了然，即見即用。

外形相似或功能相似的設備應該以不同的顏色進行標識，以免使用時出錯。

在設備的操作杆或操作按鈕附近放置《設備標準作業書》。

⑵**工具拿取與放置**

規定工具的擺放地點，可以更快地拿取。

在規定的地方不但做好文字標識，還可做好工具的外形標識，工具一旦拿開後，拿取的人員可以根據圖形很快將其放回原位，爲自己及其他人員的下一次拿取節約時間。

⑶物料的拿取與放置

物料要進行標識，當一樣材料從包裝箱內取出後，如果小包裝上無明確標識，應及時再用油筆進行標識，以便於班組成員直接拿取而不出錯。

各類物料要根據其特點進行存放，以免遺落或流動，導致操作人員不得不再次拾取。

3.不讓動

在實驗中，經多次證明，作業人員在拿取物料時身體移動的部位和移動的幅度越小則所耗用的時間越少。

尤其在物料的運送上，生產工廠的傳送帶呈「U」型分佈效果最好。既可節約時間，也可節約空間，有效地提高工作效率。

生產出來的產品應該直接放在託盤或托架上，每一個托架下有台車，便於搬運及拖動。

4.不讓想

各種物料擺放在最適合拿取的位置，作業人員不用動腦筋去想到底應該如何去找，即可直接拿取或放置其需要的物品。

可將作業台進行合理分區，按照使用的方便程度，將小的、常用的物品放在身邊最近的位置，將大的、不常用的物品放在較遠的位置。

在一些工業部件生產型企業，其產品包裝即採用模型紙盒式，產品一經生產出來即可按照其形狀進行放置，包裝節約了生產包裝時間。

7 共同解決影響產量的核心問題

　　如果在一個工廠裏，一個工序運作很快，生產出來的產品非常多，而另一個工序卻很慢，要很長時間才能生產出來一批產品，以致後面的工序的員工卻一直閑著，就爲了等他們的產品出來。這時，我們就會看到，這個生產過程中的瓶頸出現了。

　　在生產過程中，產品產量的提升，最重要的是要實現生產的整體平衡，就像一個瓶子一樣，一個瓶子裏面的物體的流速是由瓶頸的大小決定的。如果生產過程中生產，其中的一個生產環節或生產因素出現問題，它就會制約整個的速度，勢必也會影響產量的提升。因此，我們在工作中還需要集中力量對生產中的瓶頸鬆綁，以實現生產的平衡，擴大產品生產的總量。

一、生產瓶頸因素的探尋

　　產能未能達到預期的效果，除企業自身訂單不穩定之外，主要還有以下種種原因，請對你的生產過程中的各個生產因素進行查對，看到底生產問題存在於那些因素之中。

1.物料方面

⑴物料採購是否及時？

⑵是否發生過停工待料現象？或來料品質是否穩定？

(3)是否經常出現退貨返工的現象？

2. 人員方面

(1)如果是勞動密集型企業，員工的熟練程度對生產效率和品質影響很大，因此要瞭解員工的流動率和老員工的比率是多少？

(2)員工的出勤率如何？是否常有經常請假或曠工現象？員工的工作積極性如何？

(3)員工返工的次數多了，不僅產量降低，而且成本也會增加。所以要瞭解員工因產品品質而返工的時間長嗎？次數多嗎？

(4)新員工是否進行培訓後上崗，好的工作方法是否進行組織推廣？

3. 設備方面

(1)設備、工具是否先進？是否能夠保證正常的滿負荷生產？

(2)機器設備是否經常出故障？每次故障修復的時間是多長？

4. 生產單位方面

(1)生產佈局是否合理？是否有利於物流移轉和技術加工？

(2)生產作業計劃是否合理？是否有的工序停工待料、有的工序卻加班加點，對這種工序不平衡現象是否進行調整（人員、任務）？

(3)是否有經常性的插單或變更計劃？

(4)產品品質成品率如何，生產中的廢品數量和總價是否得到有效控制？

(5)生產中的各項數據指標準確嗎？是否需要經常性補數？

(6)在產品設計或者接單時，是否考慮了批量生產技術的可行性？

計分說明：

(1)在你的答案中為「是」的計為 0 分，為「否」的計 1 分。

(2)將你的得分填入下表中，計算你的得分。

表 3-12

	物　料	人　員	設　備	生產組織
	A	A	A	A
	B	B	B	B
	C	C	C	C
		D		D
				E
				F
小　計				

二、如何解決生產現場中影響產量的核心問題

　　比如，生產中可以利用的人員不足、原材料無法及時到位、某一個環節的設備出現故障、生產資訊流發生阻滯等，這些都有可能成為生產的瓶頸。一條生產線或生產過程的整個生產環節中，它的生產進度、生產效率和生產能力都存在很大的差異性，正是這種差異的存在，決定了生產不平衡。

　　生產中的瓶頸是生產運作流程中制約著整個生產流程的產出速度的因素或內容。它的存在不僅會限制生產的產出速度，而且還會影響其他生產環節生產能力的發揮。

　　瓶頸還具有漂移性。因為它取決於在特定時間段內生產的產品或使用的人力和設備的變化情況。瓶頸是持續存在的，重要的

是我們要在生產運作中對此引起足夠的重視，解決問題關鍵在於預知瓶頸的存在，並根據現有的實際情況來尋找對策。

產品的生產程序主要有兩種，一種是先後關係，另一種是平行關係，從下圖中我們可以看到，無論是那一種，瓶頸的存在將對生產造成重大的影響，影響並制約生產的速度和產量的提升。

瓶頸的不良影響：

1.工序間的先後關係，則會影響後續工序的進度；

圖 3-1

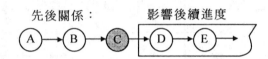

2.工序間的平行關係，則會影響產品配套；

圖 3-2

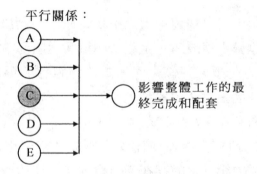

因此，對於生產工序中的瓶頸應該妥善地進行管理，解決生產進程中的矛盾。生產管理最重要的求得生產的整體向更高的生產水準邁進，同時也要發展平衡。

三、現場問題解決的方法

第一步：確定問題並確立目標

表 3-13

問題：
目標：

第二步：分析問題

圖 3-3

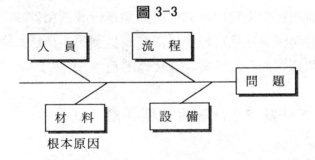

根本原因

第三步：形成潛在解決方法

表 3-14

原因編號	找到根本原因	潛在解決方法
1		
2		
3		
4		

第四步：選擇方法並制定實施方案

表 3-15

解決方法	1	2	3	4	5
控制能力					
相 關 性					
需要的資源					
效 益					
員工的理解支持					

第五步：方案的實施
第六步：評估標準方法並標準化

　　主管通過對生產管理中的核心問題進行改進和管理，使得公司的改進方向與改進策略進一步落實到具體的生產活動中來，從而達到幫助公司更有效地實現其目標的目的。

四、如何解決工序速度緩慢問題

　　當一個原來只有十幾個人、年產量只有幾萬件的小型服裝工廠逐漸發展成為一個有幾百人、年產量達到幾百萬件的服裝企業時，企業的各個階層的管理人員都面臨著更多、更具體的技術和生產管理問題。如原輔材料和成品的庫存管理，線上半成品的生產進度監控，如何準確地計劃、安排工廠年季度的生產調度、數量與週期……上千種衣服的款式需要被調用、修改或投產的標準化狀態，每一個上萬件數量的訂單都要求服裝的規格、縫製技術和內在品質保持高度的統一標準，根據不同的面料、不同的款式

正確地規定出細緻而標準化的生產技術和流程安排，對各道工序的技術環節的工人進行標準化操作的培訓……

這時候，我們發現生產中有太多需要解決的問題，其中有些問題已經嚴重地制約著企業整個生產流程的運轉了。

步驟一：確定問題並確立目標

如何找出生產中的瓶頸問題？

1. 對生產瓶頸進行分析的出發點、立足點

需要瞭解生產中技術、品質、技術、設備、材料供應、人力（數量與品質）、突發性因素、受時間制約共 9 大因素。這些因素導致生產的各工序生產能力不平衡，大小不一、生產協調及靈活性不夠。

(1)出發點：

立足於對事前的控制、各生產因素的預防性控制，而不是事後控制。

(2)立足點：

透過現象看本質，表面上可能造成生產瓶頸的因素有很多方面，但在某一特定的條件下，真正起決定性的因素其實只有一個。只要將這一個找出來，就可以解決相應的其他問題。

2. 瓶頸分析的對象和目標

對於整個生產流程來看，追求的是整個生產物流的平衡，而不僅僅是生產線上某一個工序或某一部分工序的生產能力的平衡。作為生產管理人員，主管的首要工作任務就是要發現和解決生產系統中的生產瓶頸。

3. 瓶頸的特點體現

(1)生產的整體進度緩慢，生產效率低下；

(2)產品零部件不能有效地配套等現象出現；

(3)某些工序加班趕貨，但另一些工序則很輕鬆；

(4)某些工序的線上半成品堆積過多，但另一些則很少；

(5)個別工序在等材料到位、設備維修，其他工序卻進展正常；

(6)個別生產工序流動停止，出現在製品滯留時間過長等情況。

以某工廠爲例，其生產工序如下：

表 3-16

訂　　單			市　場　部
訂購布料及輔料			採　購　部
裁剪布樣			技術部/設計部
排嘜架製作			
拉布及裁剪	A		
黏　　樸	B	生產部	
車　　縫	C		
手　　縫	D		
整　　熨	E		
包　　裝	F		
存　　倉	G		
出　　貨			物　流　部

每次以××件爲一批，其生產時間爲(見圖 3-4)：

從圖 3-4 可知，C 工序爲該企業生產中的瓶頸工序。要使整個生產平衡，促進產量，就必須縮短 C 工序的工作時間。爲了提高產量，增強整個生產線的工作效率，從圖 3-4 可以看出，瓶頸

問題是:

圖 3-4 某廠各生產工序工作時間示意圖

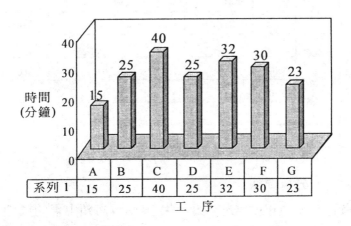

工序	A	B	C	D	E	F	G
系列 1	15	25	40	25	32	30	23

表 3-17

問　　題	速度緩慢: ・因緩慢給其他工序帶來的損失 ・過去一個月內造成的其他工序的延誤損失
造成影響	有必要提高 C 工序工作效率,因為: ・該工序是下工序的前提 ・該工序是核心工序之一
目　　標	將該工序的工作時間降低 30 分鐘/批

(1)瞭解情況

(2)收集數據

近期以來因 C 工序遲緩而造成的延誤時間(4 月 1～29 日)

表 3-18　C 延誤清單（分鐘）

日　　　期	人員操作失誤		新　人操作不熟	人員請假	人員不到位	總損失	合　計
	失　誤	返　工					
4 月 4 日			100			100	
4 月 8 日					30	110	
4 月 12 日	80	50		20		70	
4 月 13 日	22	60				80	
4 月 22 日					10	10	370
……							

步驟二：分析問題

通過對 C 工序速度慢的現象，找出導致瓶頸出現的原因。

圖 3-5　導致瓶頸出現的原因

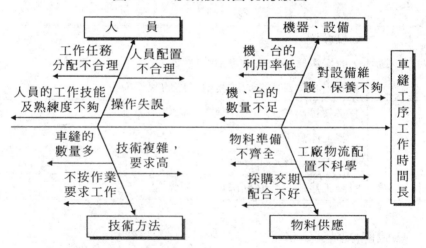

步驟三：產生可能的解決方案

通過對以上原因的種種列舉，我們找出其中的原因，並且針對這些問題，找出可能解決的方案來並列舉如下：

表 3-19

方　面	原　因	可能解決方案
操　作 失　誤	・操作時未仔細看清楚生產要求 ・線的顏色偏差小，車縫時未再三確認 ・清理生產線時未清理乾淨，誤用上批留下來的拉鏈 ・技術複雜，需要車縫的內容多	・再三確認生產要求 ・選線時對照色板要求清理上批產品的產品並確認 ・對員工說明生產要求，講解作業要領
工　作 不熟練	・經驗不足，即行上崗 ・不懂操作要領，費時、費線	・先培訓，合格後方可上崗 ・多訓練，多練習 ・將熟練員工儘量集中到該工序
請　假	・頂位人員操作不熟練	・日常時配備全能員工並加以培訓
人　員 不到位	・年關過後，部分員工跳槽	・在工廠內進行崗位輪調

步驟四：選擇方法並制定實施方案

表 3-20　行動計劃

No	活動	負責人	日期(計劃)	日期(完成)
1	再三確認生產要求		5 月 6 日	
2	先培訓，合格後方可上崗		5 月 6 日	
3	日常時配備全能員工並加以培訓		5 月 7 日	
4	在工廠內進行崗位輪調		5 月 6 日	
5	清理上批產品的產品並確認		5 月 14 日	
6	選線時對照色板要求		5 月 15 日	
7	對員工說明生產要求，講解作業要領		5 月 15 日	
8	訓練並給員工安排時間進行操作練習		5 月 6 日	

步驟五：實施解決方案

表 3-21

No	活動	負責人	日期(計劃)	日期(完成)
1	再三確認生產要求		5 月 6 日	5 月 7 日
2	先培訓，合格後方可上崗		5 月 6 日	5 月 6 日
3	日常時配備全能員工並加以培訓		5 月 7 日	5 月 6 日
4	在工廠內進行崗位輪調		5 月 6 日	5 月 6 日
5	清理上批產品的產品並確認		5 月 14 日	5 月 16 日
6	選線時對照色板要求		5 月 15 日	5 月 15 日
7	對員工說明生產要求，講解作業要領		5 月 15 日	5 月 12 日
8	訓練並給員工安排時間進行操作練習		5 月 6 日	5 月 6 日

從某服裝廠各生產工序工作時間示意圖可知，C 工序為該工廠生產過程中的瓶頸，且對操作人員的熟練程度要求高。因此該公司為改善 C 工序的生產效率，通過工作確認、員工培訓等方式提高該工序工作效率，使得這一工序的工作時間大大縮短，很快 C 工序的工作時間便降低至 28 分鐘，C 不再是生產過程中的瓶頸。

步驟六：評估解決方案

1.目標是否實現

當瓶頸克服之後，就應該將這一變化作為一個約束機制保持下來，使得其中的一個環節問題得以徹底解決。

2.標準化並建立控制

C 工序持續改善的標準：

(1)每天一次檢查原料、輔料配備時是否準確、齊全，是否和生產計劃單一致，並填寫點檢表。

(2)每月一次，安排員工進行技術比武，提高員工操作的熟練程度。

(3)對色板的使用期限及品質進行檢查更新，避免色板本身顏色老化而造成色差。

(4)每次產品批次改變時清空上次的原料並確認。

表 3-22　解決問題的示例

準備	發現問題 制定目標	分析問題	產生可能 解決方案	選擇和規劃 解決方案	實施解決 方　　案	評估解決 方　　案
1 週	1 週	1～2 週	1 週	1～2 週	1～3 週	1～4 週
可能影響必要時間的因素	・組建合適的隊伍 ・討論此項問題是否值得解決 ・準確決定問題性質 ・達成目標共識	・發現數據 ・恰當進行數據收集 ・與專家進行數次會議。集思廣益 ・發現問題較預期的更加複雜	・不知所措	・在解決方案的排序/選擇方面存在分歧 ・確定實施解決方案的恰當負責人	・修改原先方案 ・存在幾處改進的地方 ・如果解決方案不可行，返回解決方案產生階段 ・缺乏必要資源	・足夠的時間/數據來核實方案是否成功 ・出現反覆(解決方案不穩定)

監督：

(1)檢驗必須每日提供數據。

(2)主管將計算每日運作時間，每週延遲時間損失做帕累托圖分析。

由於需要系統解決的問題通常比較嚴重，完成所有步驟可能需要歷時 1 週到幾個月：

假設管理能創造合適的條件，成功解決問題主要依賴團隊的高效工作：

表 3-23

主　題	要　點	內　容
先鋒團隊	描畫團隊行為圖	·基本規則 ·決策 ·溝通 ·職責和參與 ·價值觀
	制定目的和章程	·針對團隊存在的回答 ·團隊組成 ·團隊的客戶
	制定團隊進程措施	·評估進展的信號 ·衡量成敗的標準 ·項目結束日期估計

假設管理能創造合適的條件，成功解決問題主要依賴團隊的高效工作：

表 3-24

主　　題	要　　點	內　　容
維持勢頭	對採用何種改進模式達成一致	・標準化分步改進流程 ・數據收集 ・制定計劃

　　最後，C 工序工作效率提升，顯然使產量獲得了提升。使得企業的各層管理者關注這一問題，讓其獲得了根本性的解決，也讓員工獲得了更多的學習的機會和可能提升的空間。

3.持續改善

　　瓶頸存在於任何地方，任何一個區域都有「最短的木板」，因此對於瓶頸的管理，需要持續地去改善，從而讓整體的能量均衡。

心得欄

第 四 章

如何提升生產品質

1 要有標準作業書

標準作業書又叫 SOP，就是指為生產符合產品品質、成本、交期要求的產品，經相關的主管部門批准後，對把生產過程中的五種要素(人、機、料、法、環)進行最佳組合時的標準操作步驟和要求用統一的格式描述出來，並用此來指導和規範日常的工作的文件。標準作業書的精髓，就是對某一程序中的關鍵控制點進行細化和量化。標準作業書的作用：

1.**便於對新人在作業時進行指導並使管理人員確認作業的偏差程度**

標準作業書對工序內的每一個步驟如何操作都有嚴格規定，任何人員根據其中的要求均可完成，可以避免白乾、瞎幹、

蠻幹的無用功，可提高員工的工作效率。

　　員工在作業時按照標準方法進行操作，可以大大地避免設備的錯誤操作而帶來的損失。

2.保存企業擁有的技術技能

　　可以將企業在長期的生產活動過程中積累的經驗、數據、技術、能力總結下來，而不是僅僅將其存在於少數幾個人手中，避免因為人員流動而導致原有的技術資訊遺失。

3.便於及時追查產品不良的原因

　　可以根據標準作業書核對生產的作業條件、操作步驟等是否符合規定的要求，便於及時分析產品不良的原因和對策。

4.是產品品質水準能否達成的必要保證

　　按標準作業書進行工作，主管可根據標準作業書中規定的工作時間估算產品的生產時間和產量，可以保證交貨的品質與時間。

　　高品質的產品來自於生產中每一個細微的操作步驟，標準作業書中規定了生產操作中最低限度的必做項目，從而可以使得產品的規格要求達到一致性、互換性好等效果。

心得欄

2　量產前要先試做

一、為何要產品試做

　　什麼是試做呢？試做主要是為了使生產活動在更加順利的基礎上，彌補和尋求產品設計上的缺陷。這時只有通過試做，才可能得知生產中各個要素之間的最佳組合方式，並為企業的重大決策提供方向。因此，可以說試做是批量生產的「試金石」。

　　試做分為兩大類，即新產品試做和各生產要素的最佳組合試做。

　　在每個試做階段，它能夠反映出來的問題也是不一樣的。只有對各種問題在產品的試用階段就進行嚴格的界定，並用各種有效的方法加以改善，新產品的產品品質才能夠穩定。

　　有的產品在進入市場之後獲得了巨大的成功，這時可能仍然會需要試產，這是因為企業需要長期擁有這種競爭優勢，為此，它就必須要讓產品的各個生產要素處於最佳的組合狀態，這樣才能保證企業的產品的隨時處於受控的狀態之中，這是企業主動的試做。有時，有的因素發生改變，使得企業不得不改變原有的生產方式，為了讓生產活動更加順利地展開，也需要對企業的生產要素進行新的組合，這時的試做就是一種被動的試做。

　　新產品從設計到生產成可以出廠的合格產品，一般要經歷手

工試做、機裝試做、定型試做這三個階段。

一個產品現有的技術是否合理？設備是否方便加工？人員是否還需要進一步培訓？產品的性能如何？材料是否好用？產品的品質是否可以控制？等等問題全部要在產品試做之中才能夠顯出來。真是不試不知道，試了才明白問題到底在那裏，到底還有那些方面的問題需要解決。

二、試做階段的工作重點

就生產現場的工作人員來說，對於試做主要是積極配合、認真執行、嚴格管理、總結經驗。以某食品廠對火腿罐頭的試生產為例：

表 4-1

	試做時要注意以下事項：
試做前：確定試做內容	• 明確新火腿罐頭試做的時間、地點、對象、目的、方法、數量。 • 為便於瞭解試做的具體效果，控制每次試做改變的內容或要素只有一個(如此次，主要只是改變火腿蒸熟的時間，看是否能夠讓火腿肉更有彈性)。 • 首次試做的數量儘量控制在最少(第一次只用 5 只火腿)。成功後，再加上試做量(10 只或更多)。
試做前：做好各項準備工作	• 在技術部門的指導下按照要求進行生產要素變更，如調整設備參數，進行新的作業方法培訓等(新的醃制方法、蒸的方法、新的溫度、濕度要求、罐裝的方法等)。 • 預先將試做標示告知相關的作業人員。便於在生產時將試做品與正常品區分開來。

續表

試做時： 及時配合 嚴密跟蹤 做好識別	・做成試做牌，從第一個試做品起，即隨時提醒作業人員要按照新要求來進行生產。 ・將《試做一覽表》夾附在「試做開始牌」的背面，讓它隨試做品一起流動到下一個崗位，這樣所有相關人員可以隨時查看。 ・交接班時應注意：有時試做的數量大，前後連續作業時間長，一個班次可能無法全部結束，主管應在交接班時通報清楚。 ・當發現試做引發大量不良又無法排除時，主管應及時將資訊回饋到技術部門並下令中止試做(比如可能蒸的時間過長影響了肉的香味、新加入的調料對產品的色澤有影響等)。 ・當多種試做同時進行時(如該罐頭廠同時在試製牛肉罐頭或水果罐頭等)，應在每個試做對象上粘貼「識別條」，以防出錯。 ・與試做相關的不良產品(如罐頭密封不嚴或易拉條容易斷裂等)，應交回技術部門進行分析，其他人員不應擅自修理，以免影響試做安排部門對不良現象的確認。
試做後： 確認結果 情報回饋	①隨時跟蹤試做狀況，並即時填寫《試做一覽表》，最後與試做成品一起交給相關的檢驗人員。 ②如果試做品無法出貨，則應遵從相應的報廢手續。 ③總結並積累相關的數據，便於在今後的工作中作為參考。

表 4-2　產品試做跟蹤表

發行管理 No	發行日：		發行部門	跟蹤員
外部管理 No			產品工程部	
	外部發行日：			

工　序	試做評價	r/n	試做結果評價	判　定	上　長	長	擔　當
				OK KG			
				OK NG			
				OK KG			

綜合評價：		綜合判定	OK　　　　NG 中止
		判定日：	
		部　門　　上　長　　　長　　　擔　當	
		工程部	

試做結果 聯絡部門	試做品處置	餘留試做 材料的處置	工序對應處置
□採購部 □物控部 □生管部 □製造部 □品保部 □財務部 □總務部 □設備部 □運輸部	□正常出貨 □序列號管理出貨 □全數修理後出貨 □不可出貨、廢棄 □其　　他	□就地廢棄 □退還供應商 □正常投入生產 □修理後投入 □其　　他	標準作業書訂正/改圖/新作 材料加工圖訂正/改圖/新作 工裝夾具類部分修改/新作 總括表訂正/改圖/新作 切換日程

續表

試做對象	試做目的	變更內容	庫　房	試做工作
製 品 名： 試做數量： 材 料 名： 製品數量： 圖　　號： 完成日期： 訂 正 號： 模　　具： NO_____ 普急/特急：	□採購委託 □品質對策 □特採確認 □開發委託 □其　　他	□模具更新 □模具修理 □加工變更 □材質變更新 　替代品 □作業變更 □新供應商 □工裝夾具 □追選加工 □其　　他	□現有庫存品 □供應商免費品 □供應商計價品 □費用客戶承擔 □其　　他	□不可混入 □QA 送檢 □序列號管理 □識別管理 □其　　他

試做目的 —————— 試做日程 物流途徑	發生經過 ——————			試做標識
				備　　考 —————— ——————

18/5	19/5	20/5					

3　材料都要先來先用

確定原材料先來先用原則，要針對原材料的擺放、使用及識別進行嚴格的規範：

原材料擺放應該注意的事項：

1. 定位擺放各種原材料

推車貨架擺放合理。每一個貨架上要注意分層擺放，重、大的材料放在下面，輕、小的東西放在貨架的上面，以保持貨架的穩定性。

2. 不同批次的原材料做好識別管理

為了很快找到想要的材料，需要對原料進行必要的標誌識別。有時，對於一些體積小的原材料，有的外包裝上有生產日期，而內部包裝卻不一定有，為了便於區別，在拆除外包裝時，可以用較粗的油筆在內包裝上注明收貨的日期。對於一些體積大的原材料則可做成識別卡附在實物上或掛在實物附近的貨架上以便於識別。

3. 一定要新裏舊外，新下舊上，便於先來先用的實施原則。

不要讓員工隨機拿取原料，前一個包裝箱內的原料未用完之前儘量不要打開新的包裝袋，不得混合使用。

對於供應商所給混亂日期的原材料，應要即時回饋。

當然有時仍然會有意外情況發生，雖然我們盡力避免出現問

題，在使用原材料時總是朝著先來先用的方向走，但有時受到實際條件的限制，讓我們無法百分百地去遵守，這時就需要更加小心謹慎來避免因原材料的錯誤而引發的各種問題。

對原材料的嚴格要求是實現高品質產品生產的第一步。因此在生產中，我們對於原材料的使用必須遵循先來先用、保持材料狀態良好、使用數量準確的原則。而其中最為重要的即是要注意原材料的先來先用。

先來先用的原則：指的是要按照生產材料的出廠的先後順序來使用。

為什麼原材料要實行先來先用的原則：

1.受材料保質期的影響

領回來的材料，驗收合格後就得進入生產現場投入使用，不應該讓其任意受風吹日曬雨淋，否則的話，那怕就是一堆鋼鐵，它也照樣會生銹。因為任何材料都有它的有效期限，過了期限，它的使用功能便無法實現。如果我們使用的原材料在倉庫或者在現場的時間長了，也就意味著我們能夠向客戶提供的保質期就越短，所以在使用的過程中必須保持先來先用。

2.確定尋找不良線索的需要

原材料引發不良的情況可能不是在我們尚未加工或使用時被發現的，有時是已經用了一大半時才知道，有時甚至是已經發到客戶手中之後才暴露出來的。這時對於不良品去向的追蹤及向供應商追討利益等多是以材料製造、到貨時間、使用時間為線索而展開的。知道了這些時間，才可以查知產品當時的生產條件、數量、去向等資訊，為下一步應該如何應對打好基礎。否則，如果原材料以一種無序的狀態投入，作為生產廠家，我們自己也無

法確定到底是那些材料出了問題，從那一批開始出貨裏混入了不良等一系列的問題就完全無法考證，只憑一兩個人的記憶是很難說清楚的，自然也無法採取彌補的措施，最後只能是等到客戶來投訴。

3. 確認產品品質是否需要改善

很多時候我們會通過材料的改進來提高產品的品質，因為很多時候新舊兩種不同的材料，它們的處理方法也會不一樣，如果供應商或前工序一時出新材料、一時又出舊材料，那麼我們的工作就會難以正常開展，同樣，我們在供貨給後工序或下游客戶的時候也應該注意這一點。

心得欄

4 特殊情況下無法先來先用的對策

表 4-3　特殊情況下無法先來先用的對策

無法堅持原材料先來先用原則的特殊情況	對　　　策
製造日期在先的材料為不良品，製造日期在後的材料為良品	・集中生產線上所有舊有原材料，並做出明顯標識。按技術部要求進行處理 ・如有必要，暫停整個生產線運作，直到將所有原料清出生產線為止 ・對於新原料進行區分後投入，在產品上添加出廠號碼進行管理
為了滿足品質的需要，一個材料必須與另外一個材料配對使用時	・應該向配對方法所有相關人員講明配對的工作要點、數量、實施的時間，尤其是頂班人員和修理人員 ・在交接班時一定要將相關事項當面交待清楚，並有一定的書面提示 ・對配對使用對象加以標識區分，便於檢查與查找
應供應商請求或企業為降低成本的試做期間	・不要在試做期間同時投入正常材料，對於試做出來的產品逐一做上標識 ・避免同時進行多種試做，以避免產品混淆的可能性 ・將試做期間的原材料進行封存，結果未出來前不得隨意使用或投入新的生產
材料被特別採用時	・在指定的產品數量或時間期限內用完這些被特別採用的材料 ・在產品上做好識別標誌

5　避免員工操作不當

一、員工犯錯客觀因素找線索

　　沒有一個員工故意想把事情辦砸，造成員工在工作中屢屢犯錯的原因是多方面的。它可能會受到許多客觀條件的限制：

　　4M1E 指的是(Man 人員)、機器設備(Machine 設施)、材料(Material 原料、半成品、成品)、工作方法(Method 工作流程、技術流程、彙報流程、作業指導書、作業改善方法)、環境(Environment)五個要素組合。如表 4-4 所示。

　　所以你會看到，如果你想做好管理，不是需要採用這樣的方法來責備某人才能達到你的目標，而是應該有更加巧妙的方法來改善現有工作狀況中的不足。

二、如何避免員工在工作中持續出錯

　　在生產過程中，偶發性的錯誤的最大特點是來去無蹤，這個錯誤可能出現了一次，但是很長時間內它不會再次出現，使得我們的調查工作難度加大，無法獲得相應的資訊和數據，使你的調查無從入手。比如產品上一點小小的瑕疵，或是成品外觀上一道明顯的刮痕，你明明知道是因為某些員工操作不當造成的，可是

卻不知道到底是誰造成的，在什麼時候，那個工序因為什麼原因而造成的。這樣的偶發性的問題看似無跡可尋，讓人們無從下手，不知道該從何做起。

表 4-4

要素(4M1E)	員工犯錯誤的客觀原因
Man 人　員	由於作業人員沒有經過比較充分的培訓，作業人員操作手法未達到標準
Machine 機械設備	儀器、設備、夾具等的精度偏離要求，作業人員所使用的工具出了問題 ①長期未校正設備或儀器的精度 ②設備設置位置或場所的環境不好，導致性能無法正常發揮 ③精度設置太高或太低，本身無法滿足產品的品質要求。 ④操作手法粗暴，導致設備或儀器精度下降。
Method 材料	材料混亂、過期、不足等情況造成
Method 工作方法	標準作業方法設定不合理 ①作業內容需要高超的技巧性，作業內容複雜，需要作業人員根據自己的感覺來進行目視判定的要求、規格太多。 ②需要作業人員有旺盛精力或體力才能維持的作業內容。
Environment 環　境	作業環境欠佳 ①熱的時候熱死，冷的時候冷死。溫度、濕度、氣味失調。 ②作業紀律差，任由員工在工作時隨意調侃，讓人無法集中精力工作。 ③工作場所的噪音干擾，如：管理人員大聲斥責員工、廠內廣播，廠外車輛鳴笛、機械打樁…… ④宿舍休息條件差，工作區洗手間不足，休息時無法飲水和簡單進食，導致員工無法迅速補充體力等。

1. 讓員工看得到自己錯在那裏

對於員工犯錯，如果不是特別的大錯，儘量不要對員工進行責罵，因爲這樣不但於事無補，反倒會讓員工產生反感。只需要讓員工自己看到自己的工作失誤，對其起到教育作用即可。

還是有一些辦法可以來避免這種偶發不良的發生的。我們一方面需要提醒當事人作業時小心謹慎，另外一方面應該知道，我們無法通過指望讓作業人員提起注意就可以解決任何問題。

表 4-5　員工工作失誤一覽表

2007 年 3 月

序號	姓 名	工 號	失誤原因	損 失
1	劉鵬飛	101	3.10 作業後未關電、氣源	可能釀成安全事故
2	張嘉儀	102	看錯溫度儀數據	過早降溫，產品未到終點就提早結束生產
3	趙志國	108	上班時忘記打卡	一天工資無法計算
4	李文強	109	在 A 產品加工時忘記一個工序	導致產品產生明顯外觀瑕疵
5	洪紹華	113	工作時間睡覺 5 分鐘	延誤產品生產

2. 愚巧化作業方法，可有效避免簡單錯誤

愚巧化作業是什麼？

愚巧化作業簡而言之就是通過有效的方法讓「愚蠢的人也可以像巧匠一樣把工作做好」。

比如，有一個員工的崗位職責是數螺絲，你交代他的方法是採用一個一個的數的方法。一天 8 小時下來，如果他不出錯，肯定是一個奇跡。如何避免這個簡單的問題呢？只需要做一個簡單的工具，這個工具中有 100 個小孔，每次作業人員只需要抓一把

螺絲往這個工具上面一放，輕輕一搖，這 100 個小孔中將各落下一個小螺絲，然後再將道具一傾斜，多餘的螺絲就會全部滑下，剩下的就是 100 個了，用此方法數螺絲，效率是單個數的十餘倍，又實在很難得出錯。同樣的道理在家電、相機、電腦作業系統的運用中已經讓很多消費者體現得十分充分了。現在基本上沒有誰不會用傻瓜相機，你說是麼？因此，其實科學的管理就是要將複雜的工作設法變得簡單化，讓你的員工能夠簡單明瞭地去執行。讓你的員工在作業、檢查或判定時，能夠盡可能簡單化、機械化、視覺化、邏輯化。這樣人人都可以輕鬆地勝任他的工作。

3.愚巧化作業的實施步驟

⑴杜絕管理上的疏忽

很多主管在遇到員工出現偶發性不良時，只是在報告裏面寫「由於該員工工作疏忽，須下次注意。」就不再深究了。正是因為這種管理上的疏忽，才導致後來又出現類似情況，使得偶發變成再發，最後甚至由再發變成多發。而管理人員如果能夠從這些偶發不良的事件中想出如何迅速解決的辦法，這樣才能真正提升自己的管理能力。因而當主管看到員工因疏忽而出現錯誤時，一方面需要提醒員工下次注意，一方面應暗示自己：「太好了，我又有機會來提升自己了。」並帶著這一心態來解決工作中的問題。

⑵簡單化步驟

簡單的東西才能記得住，簡單的工作步驟才容易操作。

將作業要點畫成簡單的圖片，直接粘貼在工作臺上或作業機械上。

⑶用員工熟悉的語言

越熟悉的東西越容易記得住，主管在指導作業人員工作時，

工作指導目的是要你的下屬學懂了之後馬上用在工作中的。他懂得越快，記得越牢，在工作中才能用得越好。一定要儘量使用簡單的語言或工作中大家熟悉的語言表達，不要用一些太專業的術語或英語。如果一些作業步驟實在是比較複雜時，也應該分次分批讓員工掌握，如果需要記憶的內容，甚至可以將它提煉成口訣，讓員工學好之後記住。

⑷精密的設備也要儘量讓它在使用的時候儘量簡單

將作業要點畫成簡單的圖片，直接粘貼在工作臺上或作業機械設備上，讓作業人員一目了然。

⑸設置各種作業的夾具來提高產品作業的精度

儘量減少用手來固定物品的時間和機會，避免作業的精度偏差。

⑹將抽象的目標或規格要求轉化成實物

一些設備的調試，可以在重要的刻度範圍內進行標注，讓操作人員瞭解只需要在此區間運行即可。又如產品的溫度要求、設備運作的狀態都應該標示出來，讓作業人員一眼就可以看到，以避免出錯，且同時也減少了搜索的時間。

⑺給文件不如給樣品

有的主管可能喜歡將標準作業指導書交給員工讓他自己去學習，以為這樣就可以了，還有人喜歡將它放在工作臺上。其實這樣還不如直接給作業人員一個樣品讓他們瞭解作業的準確需求，不必去反覆思考檢驗標準中要求的產品品質到底要達到什麼程度才算合格。

⑻避免誤導員工

如果生產現場有如類似的設備或夾具放在同一個工廠裏，為

了不讓有些員工偶然弄錯,就要儘量在顏色上對其加以區分。

⑼**對容易產生配對錯誤或者作業不良的部位進行預先標識**

有時一些部位容易產生配對錯誤或者作業不良,如果能夠預先標識出來就會提醒作業人員在操作時提起注意,避免出錯。

當然,現場工作中還有許多管理上的疏忽和漏洞會造成偶發性的作業不良。總之,我們正好可以利用這些不良的出現來幫助自己消除這些管理上的疏忽。也只有這樣才有可能消除現場作業中的偶發性不良。

6 追加工要先看樣品

一、追加工看樣品的重要性

追加工:出於產品規格的某一方面的需要,而在標準作業以外對材料或半成品或成品實施的加工。

選別:按照合格的產品條件或範圍對材料、半成品、成品等進行分類,以將不良品選出使其不至於混入合格的產品之中。

追加工和選別的特點:

1.**看似簡單,實難協調**

將某個零件進行一下簡單的加工聽起來很簡單,其實這樣很容易導致品質問題出現,因為加工的工作雖然簡單,但是也要會做的人來做才行,否則就會做得多錯得多。另外就算是找到了會

做的人，也還是需要對其進行培訓或一一交待。另外，這只是追加工的第一步，還需要對追加工的產品進行標識的要求，與後工序的協調等等一大堆瑣碎的事情都需要預先協調好，否則輕則貽誤時機，重則遭到後工序同事的投訴。

2.後知後覺，回饋滯後

很多時候，在現場生產之前我們會對生產中的 4M1E 進行盡可能多的預測，並儘量排除不利的因素，但是不良品還是會在事後才發覺。這時候又需重要新進行追加工或選別。

3.牽一動百，以點帶面

雖然追加工和選別是由於某一個零件或者是某一個設備所造成的，但是它給生產帶來的反應卻是一大堆的不良品，這時需要進行追加工或選別的內容就變成了一大堆，除了現在的成品之外還有半成品。有時因為追加工和選別的時間太長，還需要更改生產計劃、供貨計劃等等。

二、怎樣確定樣品

1.提供上、下限樣品

許多時候，我們只給員工一個樣品，但是卻不告訴他們樣品本身的等級，員工在選擇的時候便會根據自己的判斷來對產品進行選別或加工。

由於每一個人對事物的判斷標準是不一樣的，比如人會由於性別、性格、年齡、受教育程度、生活習慣、生活水準的差異對於產品判斷的標準也是不一樣的，如果只有一個樣品時，就會以自己的主觀判斷為標準，在樣品線上下浮動。以至於有的低於樣

品的標準，使得不合格的產品落入合格品中，而有的則由於選擇的標準太嚴，而令一些合格品被當成是不合格品白白地浪費掉了。

還需要注意的是要在中途時進行多次確認，如果只是起初確認合格，不等於全程都是對的，因爲隨著記憶的淡化，追加工或選別的標準又會發生變化。

2.樣品保管要做好

樣品也有保質期，隨著時間的變化，樣品也會發生變化，因此在生產過程中，一定要保持樣品的原樣。平常要將其按照規定的要求進行保存，否則樣品的顏色或性能發生變化，最後的不利影響將是巨大的。從保證產品品質這一點來看，對於樣品的保管也是一個非常重要的內容。

7 要把後工序當成客戶

每個人確立後工序就是客戶的關係後，就可以讓每一個員工都一起來爲實現產品的品質、成本、交期努力。因爲一旦這個關係確立起來之後，就需要讓全員來爲此努力，而且後工序的同事有權力拒絕接受來自前工序的不良品。這就要求我們在自己的工作中採取以下行動，來減少後工序的投訴，提升自己的品質。

1.每一個工序的成員應該熟悉自己本工序所負責的工作內容和責任範圍。如果存在一些灰色區域則需要與後工序共同協商、明確雙方的責任和義務。

2.經常站在後工序即消費者的角度來思考問題，組織工作。

3.多瞭解後工序的操作程序，比如找後工序要幾個樣品，瞭解自己的成本是用在其中的那一個環節或位置。

4.建立與後工序的聯絡方式，有需要時可以建立視窗連接。

5.及時向後工序和前工序回饋相應的資訊。

6.設置檢查的樣品，以便於隨時查詢。

7.在工作中或工作後隨時進行自我檢查，以便於即時改善。

8 要避免外觀瑕疵

一、外觀瑕疵的定義及特點

1.外觀瑕疵的定義

主要是指產品的外觀材料上不影響到產品的功能及性能的缺陷，通常包括產品的傷痕、毛邊、髒汙、澆口、段差、色差等小缺點。

2.外觀瑕疵的特點

⑴非量化

很多企業對於外觀規格的要求和定義較為模糊。

比如，有的企業定義是：

距離 30cm 以上，普通照明條件下，連續看 5sec，不顯眼即可…

這些表述基本完全無法量化，很難讓人理解，而且也無法真正執行。事實上在這種情況之下，產品的品質行與不行，全在於人的感覺。

⑵差異性

對於外觀的瑕疵，不同的人會因性別、性格、年齡、受教育程度、年齡差異、生活習慣、生活水準的差異而不同，因而即使面對同樣的瑕疵得出的結論也不同。

一般而言，就性別來說，女性更注重細微之處；就性格來說，寬容者更容易接受瑕疵；就年齡來說，小孩幾乎不問瑕疵如何；就受教育程度來看，教育程度越高，越有可能將外觀的瑕疵當作問題；就生活習慣差異來看，有規律者對細微處要求較高，比較不容易接受瑕疵；就生活水準來看，人的生活水準越高，對瑕疵要求越高。

⑶變化性

隨著時間的向後推移，事物發生了某種量變或質變。對外觀瑕疵而言，包含了兩種含義。

①一般一樣產品在供不應求時，可能人們對於外觀瑕疵的存在不會太介意；但是如果供大於求時，則消費者對於外觀瑕疵的要求要嚴格。

②隨著產品保管環境的變化，有的產品的外觀瑕疵本身的量和質都發生了變化，如生銹嚴重、油污擴大、顏色減淡、裂紋加深等等。

⑷潛在性

有時有些品質問題看上去是表面上的外觀瑕疵，但是可能是由於原材料本身有問題，或是加工的過程中的一些重要問題被掩

蓋了。比如整體粘度不足、印油局部脫落、局部位置配合間隙偏大等，表面上的外觀瑕疵問題，實際上是品質問題。

⑸價格差

價位越高的產品，客戶對其外觀的要求也越高。幾千元的家電與幾元錢一把的釘書機，在外觀上的要求肯定是截然不同的。

因此，外觀瑕疵的判定不應該等同於性能和功能缺陷，它有其特殊的地方，我們不能夠僅憑自己的意願或產品的表像就作出簡單的判定。

二、外現瑕疵判定及如何防止出現這一現象

由於外觀瑕疵的特殊性，因此對於瑕疵的判定有時候是十分困難的，如何進行外觀瑕疵的判定呢？

可通過客戶需求、理想標準、實際控制這三個方面的相互關係，來描述對外觀瑕疵的判定。

製作工程內虛擬的一個判定標準，該判定標準略高於客戶需求，不會引發客戶投訴。

對產品的瑕疵實際進行的判定或調整，其如果可分為 OK(良)或 NG(不良)兩種。

如何防止外觀瑕疵的出現？接受程度。但需要注意的是，每一個客戶對外觀瑕疵可接受的程度是不完全一樣的。

如何防止外觀瑕疵的出現呢？

1.事先防

⑴防範作業人員在作業、檢查過程中造成瑕疵。如要求接觸產品外觀的人員要戴手套、指套，不得佩帶戒指、留長指甲等。

(2)防止機器、夾具、設備等觸碰造成外觀瑕疵。如在接觸產品外觀的相關部位倒角貼上海綿，定時對設備進行清潔等。

(3)對外觀材料本身進行防範。如使用耐磨性好的產品外觀材料、粘貼保護薄膜、二次噴塗等。

以上方法多用在對產品外觀要求嚴格的產品上，屬於積極預防，且成本相對較低，容易開展。但是，有時有的防護措施本身也會造成瑕疵，因此事先要確認清楚。

2.事後選

當產品的外觀瑕疵無法杜絕時，為避免誤判斷而造成更大的損失，應統一設置選別樣品。

(1)該樣品能夠反映客戶需求情況。

(2)產品的製造、檢驗、品保等相關人員，都持有同等樣品，並嚴格按該樣品進行判定和接收。

(3)將判定條件明確化。用明文規定，對光線明暗度、目視距離、產品的有效期限等均有詳細規定。

這種方法用樣品運用較廣，亦比較有效。檢驗員通過比較樣品後，即可進行判斷。

3.管兩頭

有時候產品的外觀可能本身沒有問題，但是一個產品從原材料到出貨的過程之中由於人多手雜，在你確認、我確認、大家確認的過程中造成了產品的髒汙、刮花等外觀瑕疵。因為每個工序都有充分檢查的理由，就是因為一個「不放心」，所以一個產品被看了多次。

比如，手機的顯示幕，是貼有保護薄膜的，廠家來貨時，ICQ抽檢撕開看一次，印刷前撕開看一次，總組裝投入前又撕開看一

次，出成品時，QC 外觀檢查再撕開看一次，末了 QA、包裝……

　　結果怎樣呢？大家花了大把工時，不少部門或工廠爲了推卸自己的責任，往往互相扯皮，最後使得自責原因追查不了了之。

　　正確的做法是：在產品的到貨和出貨時進行確認，其他工序坐「直通車」，即免檢外觀瑕疵，這樣可以避免因人爲的接觸而造成的新的瑕疵。

　　也可能有的人會擔心最前、最後工序如果把不好關怎麼辦？其實這種擔心是多餘的，前後雙保險都檢不出來，那說明它本身就是合格品；能夠達到客戶可接受的程度，即可直接出貨。

4.試「放水」

　　並非所有的產品都有可供比較或判定的樣品，也並非所有的保護措施都能夠百分百奏效。外觀產品雖然很容易設定，但是，作爲生產者並不知道它是否就真的接近了客戶的需求。如何才能知道實際控制與客戶需求是否相符呢？

　　對於我們暫時難以判定的有外觀瑕疵的產品，可記錄下瑕疵的內容、出廠號碼等資訊，並讓其流入市場。如果無客戶投訴返回，則說明該瑕疵的程度客戶可能接受，甚至還能再放鬆些。這些有瑕疵的產品數量盡可能不要集中在同一批貨裏，要適當地分散開來。

　　試「放水」之後，無論是否有客戶投訴，都需要對產品的外觀瑕疵進行調整，要麼將標準放鬆，要麼提高標準。

5.勿「先入為主」

　　有時，檢驗人員向主管指出產品的外觀瑕疵所在的位置和嚴重程度之後，這個產品基本被打入不合格品之中。因爲，一經他人提示後，檢查者或修正者就只會盯著該處，而忽略了對產品的

整體外觀的審視。

建議由檢驗人員只說有瑕疵，但不說明具體位置、程度、面積等，由確認人員自行尋找並判定。如果兩人都認爲不行的話，才有可能是真正的不行，否則應以確認人員的意見爲準。

經過這樣之後，由於一個人主觀的檢測淘汰產品的量有所減少。

6.外行辨

有人可能會奇怪，外行怎麼能夠懂得選別和判定呢？其實產品的外觀瑕疵與性能、功能等的判定是不同的，就好像一個電視劇，人人都看，就算是不懂應該怎麼編劇的人，也還是會判斷這個片子到底好不好看的。因此，對於產品的外觀瑕疵的判斷而言，可能外行的標準其實才是最接近客戶的要求的。因爲我們的檢驗人員們成天地面對著外觀瑕疵，會下意識地對瑕疵越檢越嚴格，時間一久，往往就可能遠遠地高於原先所設定的標準。

因此，當產品的外觀瑕疵難以判定時，不妨找一些不相干的外行來參與一下，聽聽他們的意見也不失爲一個好方法。

7.客戶辨

由判定人員或市場服務人員直接訪問客戶，徵詢他們的意見，獲得第一手資料。有的公司安排品保人員定期在銷售櫃檯工作一段時間，目的之一就是如此。

總之，對於產品的外觀瑕疵的判定也需要經常調節，這樣才能減少「錯殺率」，因爲如果遭到錯殺，所耗費的成本正是企業自己需要支付的。

9 懂得使用檢查表

一、設置檢查表，跟蹤各項工作內容

工作中的內容很多，大到一個技術的全部流程，小到幾個小螺絲釘的存放保管，有時候有的內容太多之後，很難讓人很快記憶起來，經常有的人在設備開動之前，忘記打開相應的閥門，有的員工在產品加工時忘記一個重要的工序或步驟，有的員工下班時忘記關上合上電、氣的開關等。有什麼辦法讓他們在工作開始或工作結束時能夠避免這些問題呢？

你是天天通過責怪的方式來讓他們改變麼？相信沒有一個人願意被這樣對待。簡單粗暴的管理方式沒有辦法管好所有的人，並且人的性格不是那麼容易改變的，與其改變一個人，不如讓我們來改變我們的工作方法。

這裏我們介紹一個簡單有效的工具——檢查表。

1.什麼是檢查表

用一種簡單的方式將問題檢查出來的表格或圖。進一步說就是在搜集數據時設計一種簡單的表格，將有關項目和預定搜集的數據，依其使用目的以很簡單的符號填注，而且很容易收集整理以瞭解現狀，做分析或作爲核對點檢使用。這種設計出來的表格稱之爲檢查表。

2.檢查表的特徵

(1)記入數據時很簡便；

(2)問題所在能迅速把握；

(3)記入完畢後，對整體的狀況可以一目了然；

(4)很多基礎上的內容可以進行同時一次檢查；

3.檢查表的種類

(1)記錄用檢查表(對於員工犯錯的記錄及對於員工隱性缺勤的記錄便是此類檢查表)

(2)點檢用檢查表

4.設計檢查表的要點

(1)要一眼能看出整體形狀，要簡明、易填寫、易層別，記錄之項目和方式力求簡單；

(2)盡可能以符號記入避免文字或數字之出現

(3)數字履歷要清楚，搜集工作要明確

(4)項目儘量減少，檢查項目以 4～6 項為原則，其他要列入；

(5)檢查項目要隨時檢討，必要的加進去，不必要者刪去

(6)要將檢查結果，反應至現場有關單位，數據出現多馬上採取行動；

(7) ｜、×、正等簡單符號如數種符號同時使用於一個檢查表時，要在符號後注明清楚所代表的意義。

5.設計檢查表須預先考慮事項

(1)明確目的：明確設計檢查表的目的何在；

(2)設計檢查項目是什麼；

(3)決定檢查人員及方法；

(4)檢查時間：多久檢查一次；

(5)檢查方式：A.量少；B.重要度大；C.簡單者用全檢；如檢查數據要間接單位提供者或量太少時，可用以前數據；量多用抽檢——如生產線型；

(6)檢查期間：從什麼時候開始；什麼時候結束；日期的記錄方式是否一致：月/日或日/月應求統一；

(7)決定記錄型式(表格)：時間、機器、人等各項目如何設計；一天抽查幾台；

(8)決定記錄方式：｜、×、正等符號要用那一種；

6.記錄用檢查表的設計步驟

(1)決定要搜集的數據及分類項目；

(2)決定要記錄的檢查表格式；

(3)決定記錄數據的記號；

(4)決定收集數據的方法；

(5)決定記錄的方法。

7.點檢用檢查表的設計步驟

(1)逐一列出須點檢的項目；

(2)須點檢的項目是「非做不可的工作」、「非檢查不可的事」；

(3)點檢有順序要求時，需注明號碼，依順序排列；

(4)必須點檢的項目，盡可能以機械制程人員等層別之。

8.設計檢查表時應注意事項：

(1)要一眼就能看出整體的形狀；

(2)要讓作業者作檢查時，項目要盡可能減少；

(3)進行數據收集時先準備好檢查工具；

(4)檢查方法簡單化；

(5)讓收集者瞭解收集目的及方法；

(6)有經驗地專門檢查人員或主管可以有較多的檢查項目；

(7)與其他手法合併使用效果更好；

(8)收集數據要符合實際需要，若不符合要檢討並重新訂定並收集檢查項目與已決定的項目，要一次一次地加以檢討，將必要的加進去，不必要的去除，有效地去運用數據；

(9)點檢用檢查表是將點檢檢查項目的順序排列出來；

(10)檢查基準需一致；

(11)計算單位符合實際；

(12)考慮樣本數；

(13)收集的數據應能獲得層別的資訊；

(14)數據整理要有條不紊。

二、利用檢查表，跟蹤儀器設備精度調校

在工作中，主管應及時按照要求請相關人員對設備進行調校，以保證設備的精度，確保產品的品質。這項工作如何進行呢？

表 4-6　某生產工廠主要設備表

設備類別	設備名稱	校正原因
生產技術設備	電烙鐵、張力儀、電批扭矩、恒溫箱、無塵工廠	設備的使用直接決定產品性能設備的使用直接影響產品的性能
輔助生產設備	傳送帶速度、空壓機、壓力錶	對產品生產帶來間接的影響
檢測設備	《標準作業指導書》各工序自檢時需要使用的檢測設備《來料、出貨檢查標準作業書》中使用到的設備產品品質跟蹤使用的檢測設備	決定產品的性能、品質

　　以某電子廠為例，目前某生產工廠的主要設備如表 4-6，可為此製作一個工廠設備點檢用的調校時間檢查表（如表 4-7）。

表 4-7　××工廠儀器設備調校檢查表

| 序號 | 設備名稱 | 調試週期 | 上次調試時間 | 2007 年 3 月 | | 檢查人 | 時　間 |
				需調試設　備	已調試設　備		
1	電 烙 鐵	3 個月	2006 年 8 月	●	√		2007.3.10
2	張 力 儀	12 個月	2006 年 8 月	－			
3	電批扭矩	12 個月	2006 年 8 月	－			
4	恒 溫 箱	12 個月	2006 年 8 月	－			
5	無塵工廠	12 個月	2006 年 8 月	－			
6	傳送帶速度	6 個月	2006 年 8 月	●	√		2007.3.14
7	空壓機壓力錶	3 個月	2006 年 8 月	●	√		2007.3.15
8	電子天平	6 個月	2006 年 8 月	●	√		2007.3.15
9	流 量 計	6 個月	2006 年 8 月	●	√		2007.3.19
10	燒 杯	6 個月	2006 年 8 月	●	√		2007.3.19
11	量 具	6 個月	2006 年 8 月	●	√		2007.3.19
12	……	……	……				

說明：

檢查事項包括：

1. 已經瞭解該設備的調校週期，並確保已經檢查的設備處於有效的調校期內。

2. 在已經調校過的設備上貼上標識，以區別未校對象。

　　　　確認人：　　　　　　日期：2005 年 6 月 28 日

10 出廠號碼就是定位器

一個小小的出廠號碼裏面可以看到很多的資訊，可以幫助我們解決很多的問題，因此雖然是一張小小的紙片，可千萬不能忽視它的作用。

表 4-8　產品生產跟蹤記錄表

產品號		數量	生產時間	生產班次	是/否有生產要素調整？	備註
從	到					
4D2123221	4D2124221	1000	4.21	早	√	××
4D2124222	4D2125222	1000	4.21	晚	×	
4D2125223	4D2126223	1000	4.22	早	×	
4D2126224	4D2127224	1000	4.22	晚	×	
4D2127225	4D2128225	1000	4.23	早	×	
4D2128226	4D2129226	1000	4.23	晚	×	
4D2129227	4D2130227	1000	4.24	早	×	
4D2130228	4D2131228	1000	4.24	晚	√	××
4D2131229	4D2132229	1000	4.25	早	×	
4D2132230	4D2133230	1000	4.25	晚	×	

可見，一個小小的紙片裏有著太多的情報可以爲我們提供線索。根據這些線索我們可以找到什麼呢？

1.防止假冒。

2.及時準確地找出不良的原因，順藤摸瓜，找出根源，縮短處理時間。

3.根據生產產品號記錄表瞭解產品品質的整體情況。

如果投訴號碼十分接近，數量較大時則說明這一批產品都有問題，作為生產廠商，可以通知客戶採取應變措施，而不是等客戶來投訴。比如目前很多大公司對於問題產品的召回政策就是其中的一種方法。這樣可以讓我們在發現的品質問題處理中變被動為主動，避免客戶大量投訴帶來的惡劣影響。

11 如何運用 QC 手法

作為一個主管，對於產品品質管制方面的重要任務是時常要對自己所管理的生產線帶有發現問題的意識和改善問題的慾望，並確實地把握生產線的狀況、改善各個問題點。

生產現場管理中有各式各樣的數據，如原物料，半成品或成品等等表示品質的數據，或不良品的發生次數，生產數量，工序等，品質管理即是根據這些數據，進行品質的改善及管制活動。

我們經常會看到，同樣的原料和設備生產出來的產品，其品質卻通常會有一些變異性，為了讓相關的人員都瞭解到生產現場的狀況，我們需要有多種表達方式來說明這些現象和數據。俗話說：文不如表，表不如圖。可見圖是最能夠直接說明問題及最好進行溝通與交流數據及資訊的方式方法。今天我們要介紹的是產

品品質管制中最爲常用的圖表,我們將之統稱爲——QC 手法。QC 手法已經被廣泛地運用於企業的品質管理之中。

QC 手法對於生產品質管理所體現的精神:

  1.用事實與數據說話

  2.全面預防

  3.全因素、全過程的控制

  4.依據 PDCA 循環突破現狀予以改善

  5.層層分解、重點管理

一、特性要因圖

1.定義

一個問題的結果(特性)受到一些原因(要因)的影響時,我們將這些原因(要因)加以整理,成爲有相互關係而且有條理的圖形,這個圖形稱爲特性要因圖。由於形狀像魚的骨頭,所以又叫做魚骨圖、石川圖。

2.作法

(1)以 5M1E 法找出大原因:

(Man 人,Machine 機器,Material 原材料,Method 技術方法,Environment 生產環境)

(2)以 5W1H 之思維模式找出中小原因:

(What 爲什麼,Where 什麼地方,When 什麼時候,Who 什麼人,Why 爲什麼,How 如何)

(3)創造性思考法:希望點例舉法、缺點列舉法、特性列案法。

(4)腦力激蕩法:「Brain Storming」嚴禁批評、思考自由。

3.特性要因圖

特性要因圖可以分為兩類：原因分析型和對策分析型。

下圖是某印刷工廠關於印刷時紙粉過多這一問題而找出的原因：檢查不足、原材料不良、噴粉過多、缺乏清洗膠布、機器缺乏保養等。

圖 4-1　根據特性要因圖進行分析

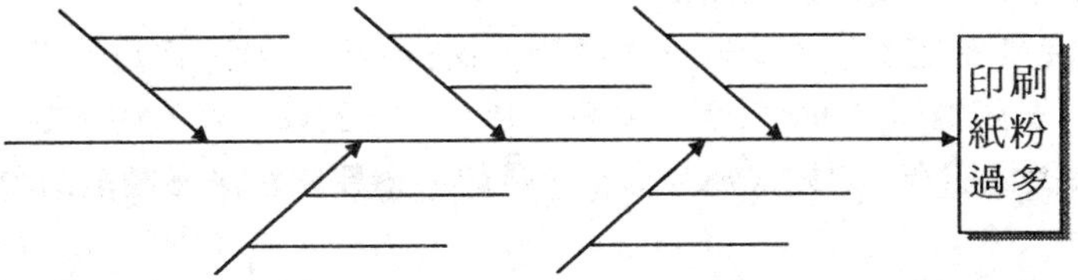

印刷紙粉過多

(1)請你根據分析的原因做出一個分析原因的特性要因圖。

(2)通過腦力激盪法，他們對於這一問題想到了很多的解決方案（如下），請你按照給出的這些解決方案用對策分析型的特性要因圖列出可能的解決辦法來。

表 4-9

1.技術方法

　(1)制定表格，記錄及監察定時清洗膠布。

　(2)制定表格，記錄何時攪墨一次。

　(3)制定每印多少張便要檢查一次，如果每 500 張檢查一次不足，便要求正、副機長都要負責檢查，形成每 250 張檢查一次，如有問題，立即改善，甚至停機清洗膠布，當然，由於科技進步，一些監察印刷品質的儀器皆可採用。

　(4)制定守則，限制噴粉用量。

2.人員

　(1)人事部必須協助聘請有經驗機長。並提供在職訓練給在職機長，令他們能達到應有水準。

續表

(2)鼓勵員工發揮團隊精神。利用獎金獎罰制度,如果員工在數量和品質上達到某一水準,便可獲得獎金,相反,便要扣工資。 (3)提高問責性制度,每一機長必須負責所管核機器的性能、保養、產量與品質。 **3.物料** (1)建立制度,並記錄在文件中。來料必須適當地入倉及貯存。 (2)制定標準,要求供應商提供合格物料。 (3)生產部制定表格,記錄在生產時,物料的穩定性,作爲和供應商交涉的證據(譬如每印 4000 張便必須清洗膠布,並記錄在案。如果錄得每印 2000 張便要洗膠布,原因是紙粉做成,這便成爲要求供應商賠償的證據)。 **4.機械** (1)制定時間表,定期爲機器保養,清洗和加油或換零件等,各項工作均記錄在案及由上級核實。 (2)制定品質管製表,監察機器運作情況。

二、柏拉圖

1.柏拉圖的來源

1897 年,義大利學者柏拉特分析社會經濟結構,發現絕大多數財富掌握在極少數人手裏,稱爲「柏拉法則」。

美國品質專家朱蘭博士將其應用到品管上,創出了「Vital Few,Trivial Many」(重要的少數,瑣細的多數)的名詞,稱爲「柏拉圖原理」。

2.柏拉圖的定義

根據所搜集之數據,按不良原因、不良狀況、不良發生位置等不同區分標準,以尋求佔最大比率之原因,狀況或位置的一種圖形。

3. 柏拉圖的用途

(1)作為降低不良的依據。

(2)決定改善的攻擊目標。

(3)確認改善效果。

(4)用於發掘現場的重要問題點。

(5)用於整理報告或記錄。

(6)可作不同條件的評價。

4. 柏拉圖應用範圍

(1)時間管理。

(2)安全。

(3)士氣。

(4)不良率。

(5)成本。

(6)營業額。

(7)醫療。

5. 柏拉圖的作法

(1)橫軸按項目的內容，依大小順序由高到低排列下來，「其他」項排末位。

(2)如果次數少或頻率低的項目太多時，可歸納成「其他」項。

(3)前 2～3 項累計影響度的總和應在 70%以上。

(4)縱軸除不良率外，也可表示其他項目。

6. 根據給出的條件畫出柏拉圖

某電子廠對某產品進行品質檢驗，並對其中的不合格品進行原因分析，共檢查了七批，將每一不合格品的原因分析後列在下表中。

表 4-10　不合格品的原因分析表

批號	檢查數	不合格數	產生不合格品的原因					
			操作	設備	工具	技術	材料	其他
1	4573	16	7	6	0	3	0	0
2	9450	88	36	8	16	14	9	5
3	4895	71	25	11	21	4	8	2
4	5076	12	9	3	0	0	0	0
5	5012	17	13	1	1	1	1	0
6	4908	23	9	6	5	1	0	2
7	4839	19	6	0	13	0	0	0
合計 頻數	246	105	35	56	23	18	9
合計 頻率	1.000	0.427	0.142	0.228	0.093	0.073	0.037

請根據這個表作一個柏拉圖分析：

(1)請把上表中的原因按頻率大小從大到小重新進行排列，把原因「其他」放在最後，並加上一列「累積頻率」，即將這一行前的所有頻率加到這一行的頻率上。

表 4-11　把表中的原因按頻率大小從大到小進行重排

批號	檢查數	不合格數	產生不合格品的原因					
			操作	設備	工具	技術	材料	其他
1	4573	16	7	6	0	3	0	0
2	9450	88	36	8	16	14	9	5
3	4895	71	25	11	21	4	8	2
4	5076	12	9	3	0	0	0	0
5	5012	17	13	1	1	1	1	0
6	4908	23	9	6	5	1	0	2
7	4839	19	6	0	13	0	0	0
合計 頻數	246	105	35	56	23	18	9
合計 頻率	1.000	0.427	0.142	0.228	0.093	0.073	0.037

表 4-12

原　因	頻　數	頻　率	累積頻率
操　作			
工　具			
設　備			
技　術			
材　料			
其　他			
合　計			

(2)根據你剛剛做出來的排列表,再作一個柏拉圖。

三、層別法

1.定義

層別法是針對類別所收集的數據(如部門,人,工作方法,設備,地點等),按照它們共同的特徵加以分類、統計的一種統計分析方法。它是一種為了區別各種不同的原因對結果的影響,而以個別原因為主,分別統計分析的一種方法。

2.層別法的分類

(1)時間的層別。

(2)作業員的層別。

(3)機械、設備層別。

(4)作業條件的層別。

(5)原材料的層別。

(6)地區的層別等。

3.層別法的作用

區別原料、機械或人員等，分別收集數據，找出各層間之差異，針對差異加以改善的方法為層別法。可以幫助尋找出數據的某項特性或共同點，對現場中問題的即時判斷有較大的幫助。並且透過各種分類(分層)，依各類收集數據以尋找不良所在最佳條件以改善品質。

4.運用層別法時的操作要點

⑴數據的性質分類要明白的記下來

①用 5W2H 來標記(What、Why、Where、When、Who、How、How much)。

②不同的產品要區分。

③數據要符合統計的目的。

④作業日記、傳票要每天記錄，情報傳遞要使各階層瞭解。

⑤關於不良品或待修品，要分層別放置。

⑵很多項目在一起時要進行層別

⑶層別所得的資訊與對策要連接起來

明確分層對象：進行分層時，原則上必須選擇對特性(結果)產生影響的要素作為分層的標準。

表 4-13　分層表

分層對象(項目)	具體內容
1.以時間分層	小時，上午，下午，白天，夜晚，日期，週，月，季試
2.以作業員分層	作業員，男，女，年齡，崗齡，班次，新人，熟練工
3.以設備分層	機器設備，型號，新舊，生產線，工具夾
4.以原材料分層	供應商，產地，批號，零件批次，化學成分
5.以作業條件分層	作業場地，溫度，速度，檢查方法，照明條件
6.以生產線分層	A.B.C 生產線別

設計收集資料的表格；利用檢查表收集和記錄資料整理數據並繪製相應圖表。比較分析最終的推論，例：以時間分層，2～3月份某設備的油耗圖。

表 4-14　數據列表

1 月份油耗					2 月份油耗					3 月份油耗				
1	17.14%	11												
2		12												
...		...												
9		19												
10		20												

(1)層別法只提供簡單的數據分佈狀態，不容易記憶，也不會說明二次原因或三次原因在什麼地方。

(2)通常在品質不良跟蹤時用到該方法。

(3)應該與其他 QC 手法相結合，效果可能更好。

四、查檢表

1.查檢表的定義

為了便於收集數據，使用簡單記錄填記並予統計整理，以作進一步分析或作為核對、檢查之用而設計的一種表格或圖表。

2.作法

(1)明確目的。

(2)決定查檢項目。

(3)決定檢查方式(抽檢、全檢)。

(4)決定查驗基準、數量、時間、對象等。

(5)設計表格實施查驗。

3.查檢表的種類

⑴記錄用查檢表

主要功用在於根據收集之數據以調查不良項目、不良主因、工程分佈、缺點位置等情形。必要時，對收集的數據要予以層別。

⑵點檢用查檢表

主要功用是為要確認作業實施、機械設備的實施情形，或為預防發生不良或事故，確保安全時使用。這種點檢表可以防止遺漏或疏忽造成缺失的產生。把非作不可、非檢查不可的工作或項目，按點檢順序列出，逐一點檢並記錄之。

五、散佈圖

1.散佈圖的定義

為研究兩個變數間的相關性，而搜集成對二組數據（如溫度與濕度或海拔高度與濕度等），在方格紙上以點來表示出二個特性值之間相關情形的圖形，稱之為「散佈圖」。

2.關係的分類

⑴要因與特性的關係。

⑵特性與特性的關係。

⑶特性的兩個要因間的關係。

3.散佈圖的判讀

⑴強正相關：

X 增大，Y 也隨之增大，稱為強正相關。

圖 4-2　強正相關圖

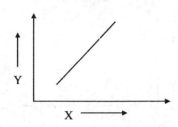

(2)弱正相關：

X 增大，Y 也隨之增大，但增大的幅度不顯著。

圖 4-3　弱正相關圖

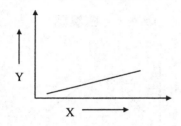

(3)強負相關：

X 增大時，Y 反而減小，稱為強負相關。

圖 4-4　強負相關圖

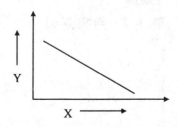

(4)弱負相關：

X 增大時，Y 反而減小，但幅度並不顯著。

圖 4-5 弱負相關圖

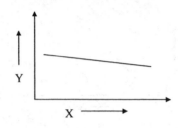

(5)曲線相關：

X 開始增大時，Y 也隨之增大，但達到某一值後，當 X 增大時，Y 卻減小。

圖 4-6 曲線圖

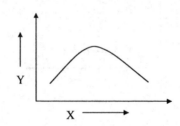

(6)無相關：

X 與 Y 之間毫無任何關係。

圖 4-7 無相關圖

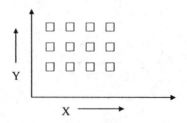

4.散佈圖的製作要點

(1)確定引數 x 在一個足夠大的範圍內變動。當 x 只在一個小範圍內變動時，可能無法看到與 y 的相關性，即使這種相關性確實存在。

(2)如果根據落在檢驗範圍以外的 x 值對 y 做預測，那麼，注意：這樣的預測很值得推敲，應該做充分的測試。利用檢驗範圍之外的 x 值對 y 進行預測稱為外推法。

(3)注意那些沒有被考慮的變數的影響。通常，一個未受控制的變數會削弱 x 變數的影響。也有可能正是這個受控制變數產生了影響，而卻誤把所控制的 x 看作真正的原因。弱勢隨機選擇 x 的水準，那麼，這種問題就不太可能發生。

(4)注意「偶然事件」數據。偶然事件數據是過去收集的數據，其目的不在於創建一張散佈圖。若對重要的變數很少或沒有實施控制，那麼會得到任何結果。偶然事件數據僅被用於為進一步的調查提供想法，而不是用來得到最終結論。偶然事件數據中存在的一個常見問題是，真正重要的變數可能並沒有被記錄下來。例如：記錄可能會顯示出缺陷率和偏移之間的關係。然而，可能導致缺陷的原因是週圍的溫度，它與偏移一起發生了改變。

(5)如果引數存在不止一個來源，則需要試著給每個來源使用不同的符號。

5.散佈圖判讀需注意的事項

(1)注意有無異常點。

(2)看是否有層別必要。

(3)是否為假相關。

(4)勿依據技術、經驗作直覺的判斷。

(5)數據太少，易發生誤判。

　某煉鋼廠在出鋼時通常用鋼包盛鋼水，在使用過程中由於鋼液及爐渣對包襯耐火材料的反覆侵蝕，以致鋼包的容積不斷擴大，試驗中鋼包的容積用盛滿鋼水時的重量 y 表示，相應的試驗次數用 x 表示，共測得 13 組數據，具體數據如下表，要求找出關於的回歸方程的運算式。

表 4-15　鋼包盛鋼水重量與試驗次數數據表

x	y	x	y
2	106.42	11	110.59
3	108.20	14	110.60
4	109.58	15	110.90
5	109.50	16	110.76
7	110.00	18	111.00
8	109.93	19	111.20
10	110.49		

　請根據以上數據作出散佈圖，並說明鋼包盛水的重量與試驗次數之間的關係是怎樣的？

六、直方圖

(一)直方圖的定義

　直方圖是將所收集的測定值或數據之全距分為幾個相等的區間作為橫軸，並將各區間內之測定值所出現次數累積而成的面積，用柱子排起來的圖形。

（二）直方圖的作用

從眾多數據的分佈狀態，可以瞭解總體數據的中心和變異，並以此推測事物今後的發展趨勢。直方圖不僅可用於品質分佈狀況的分析，還可以用來計算工序能力是否足夠及工序不合格率有多少等方面的內容。

（三）製作次數分配表

(1)由全體數據中找到最大值與最小值。如：200 個數據中之 170 和 124。

(2)求出全距（最大值與最小值之差）。全距＝170－124＝46

(3)決定組數，一般為 10 組左右，不宜太少或太多。

參照下表進行分組：

表 4-16

數　據	組	
80	6	
100	7	
250	10	20

(4)決定組距：組距＝全距/組數

(5)決定各組之上下組界。

①最小一組的下組界＝最小值－測定值之最小位數/2

②最小一組的上組界＝下組界＋組距＝123.5＋4＝127.5，依此類推。

(6)作次數分配表。統計出位於各組界間之數據個數。

(7)用 x 軸表示數值，y 軸表示次數，繪出直方圖。

1.正常型

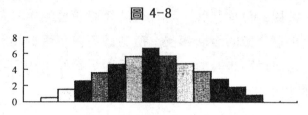

圖 4-8

2.鋸齒型

這種情形一般大都是製作直方圖的方法或數據收集方法不正確所產生。

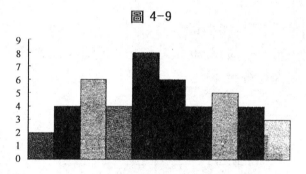

圖 4-9

3.絕壁型

在理論上是規格值無法取得某一數值以下所產生之故，在品質特性上並沒有問題，但是應檢討尾巴拖長在技術上是否可接受。

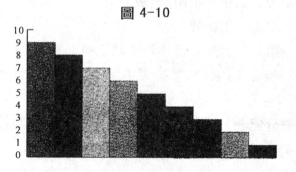

圖 4-10

4.雙峰型

兩種不同的分佈相混合,例如兩台機器或兩種不同原料間有差異時,會出現此類情形,因測定值受不同的原因影響,應予層別後再作直方圖。

圖 4-11

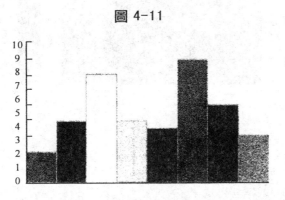

5.離島型

測定有錯誤,工程調節錯誤或使用不同原材料所引起,一定有異常原因存在,只要去除,即可製造出合格的產品。

圖 4-12

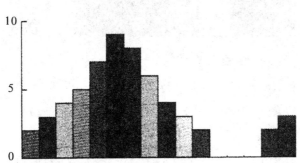

6.高原型

不平均值的分配混合在一起造成。

圖 4-13

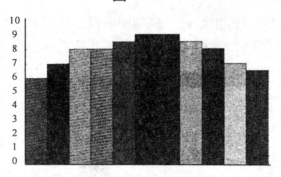

7.偏態型

往往為加工習慣造成。

圖 4-14

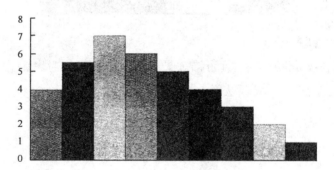

(四)直方圖的應用

測知制程能力，作為制程改善依據。

標準差 S 愈小愈好，平均值越接近規格中限越好。

平均值 $\bar{x} = (x_1 + x_2 + \cdots + x_n)/N$ 代表集中趨勢。

標準差 $= S[(x_1 - x)^2 + (x_2 - x)^2 + \cdots (x_n - x)^2/(n-1)]$ 代表分散程度。

(五)正態分佈

圖 4-15

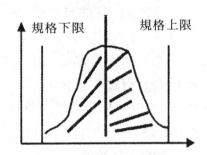

兩邊無限延伸，當 3S＝T／2 時，其分佈規格範圍佔總數據分佈範圍的 99.7%。

表 4-17　制程能力指數判定表

No.	Cp	分佈與規格之關係	制程能力判斷	處　置
1	Cp≧1.67	Sl Su	太　佳	制程能力太好，可酌情縮小規格，或考慮簡化管理與降低成本。
2	1.67>Cp≧1.33	Sl Su	合　格	理想狀態，繼續維持。
3	1.33>Cp≧1.00	Sl Su	警　告	使制程保持於管制狀態，否則產品隨時有發生不良品的危險，需注意。
4	1.00>Cp≧0.67	Sl Su	不　足	產品有不良品產生，需作全數遴別，制程有妥善管理及改善之必要。
5	0.67>Cp	Sl Su	非　常 不　足	應採取緊急措施，改善品質並追究原因，必要時規格再作檢討。

直方圖的三個重要指標：

1.準確度 Ca(Capability of Accuracy)

Ca＝(實績中心值－規格中心)/規格容許差(%)＝(x－u)/(T/2)(%)

2.精密度 Cp(Capability of precision)

Cp＝T/6$_\sigma$＝規格容許/6 倍標準偏差

3.精確度 CPK(制程能力指數)：

CPK＝(1－Ca)*Cp＝[(USL－LSL)－2*ABS(SL－CL)]/6 σ

它是 Ca 與 Cp 的綜合體現，既考慮了平均值偏離、規格中心的情形，又考慮了分佈範圍與規格範圍的比較。它反映了一個制程在一定的因素與正常管制狀態下的品質作業能力，在規格確定後，平均值不偏離規格中心的情形幾乎不存在，因此，就有了 CPK。

(六)6σ-PPM 制程介紹

1.何謂 6σ 制程：(零缺陷的品質管制)

制程精密度 Cp＝2.0

制程能力指數 CPK1.5

即：規格範圍爲數據分佈範圍的 2 倍。

2.以 6σ 訂爲品質缺點的基準理由：

在無制程變異情況下(Cp＝CPK＝2.0)，產生之缺點 n 率爲 0.002PPM(10 億分之 2)

在制程無法消除變異情況下，Cp＝2.0，CPK＝15 產生之缺點 n 率爲 3.4PPM(百萬分之 3.4)

表 4-18

σ 數	中心不偏移時之缺陷數	中心偏移 1.5 σ 之缺陷數
1	317400　PPM	697700　PPM
2	45400	308733
3	2700	66803
4	63	6200
5	0.57	233
6	0.002	3.4
7	0.00003	0.019

(七)如何建立直方圖

建立直方圖的步驟：

1.收集和記錄數據

收集所需要進行分析的數據。

2.確定數據的最大值和最小值

查找數據的最大，最小值。

3.決定分組的數目

經驗告訴我們，通常使分組的數目與觀測數據量的平方根大致相等。

4.確定每組數據的極差

每組數據的極差必須相等，如果觀測值是捨入值，這將使問題易於處理。讓極差的起始值和終止值落在兩個數值之間，這樣就能很容易看出數據所在的範圍。

5.設定各組的寬度

寬度可由(最大值－最小值)除以分組數得到。

6.畫一表格來記錄數據

表格裏的每行反映直方圖的範圍。

7.記錄數據

檢查每個數據，並在相應的行做標記。接著合計每行的標記數。

8.建立平面坐標系

兩坐標軸應足夠長，能包含所有的數據點。可能還需在直方圖裏標出產指標線，上限和下限。

9.作直方圖

根據步驟 5 決定柱體的寬度，高度應等於表格中記錄的頻數，作直方圖。

心得欄 _____

_____

_____

_____

_____

第 五 章

如何控制生產成本

1 降低生產成本的要訣

要訣一：目標管理

目標管理，乃是依據企業經營的方針，訂立各項經營目標，企業全體員工，在各自工作崗位上，自動自發全力以赴，朝向目標邁進、降低成本，應以下列目標管理的精神施行。

1.全員參與

實施目標管理，應盡量使全體員工參與目標及計劃的擬訂、執行及成果。當員工全體參與時，組織目標與個人願望得以互相結合，而使員工獲得滿足的參與感、歸屬感、以及成就感。在此情況下，員工必能以自動自發的精神，努力達成目標。因此，欲求降低各項成本，首先必須會同各級主管，逐項設立目標；在執

行前，應力求溝通觀念，使員工明白推動的目的，以及實施的方法；在執行時，應以分層負責的方式，分工合作逐級推動；對於工作成果，應加以評核檢討，並盡量使全體員工知曉，成績優良者，應制訂辦法加以獎勵，成績不佳者，應共同研究解決困難。

2.分部份期訂定目標

對於各項成本的目標，除訂立年度總目標外，並應參考各部門、各工廠及各生產線的實際情況，逐級訂立分部目標，以便作為各自努力及考核的依據。目標並非一蹴可幾，因此在訂定分部目標時，尚應按月訂立進度目標，逐步向總目標邁進。例如某公司今年生產效率目標訂為 90%，其中某生產線因生產條件較差，全年目標可能訂為 85%。但因去年底僅達成 75%，則一月份該生產線目標可能僅訂為 80%。當某月達到 80%時，再逐步提高目標至82%、85%等。如成績優異，亦不妨在某月提高至 90%或更高。總之，分項分部份月目標，必須確實可行，才能激勵每人努力以達成。

要訣二：分層負責

分層負責，乃是在企業組織中，對於各部門以及各人的職掌、責任及權限，加以明確規定並徹底執行。在分層負責制度下，各部各級人員，均可運用其權限，執行其職務，並分層負其責任。分層負責與目標管理，常相輔相成。降低成本，應對全髓員工逐級授之以權，並分層課之以責任。

(1)訂立各項成本目標及計劃時，應按用組織系統，由全公司而部而組，分級訂立。全員參與，亦應由組而部而公司。

(2)在執行時，對於各項用度，均須明定授權範圍以及權責部門。各項降低成本措施，也應按照組織權責，明確加以規定，並

要求其各自負責。

(3)對於執行結果的追蹤檢討，亦應分層施行。訂定目標及表示工作成果，應盡量求其數字化，以便比較分析檢討。如有獎懲，仍應分層分部為之，不可混淆。總而言之，當員工明白其責任無可逃避掩飾時，惟一的方法，就是全力以赴，達成目標。

要訣三：要項管制

要項管制，顧名思義，就是對重要的項目加以管制。成本及費用，項目十分繁多。企業管理當局應選擇影響重大的項目，根據其優先順序，逐項實施管制。以生產事業來說，重要項目包括原料價格、原料用量、運費、生產報廢率、呆料、生產效率、品管退貨率、包裝費、機器維護修理費、電費燃料費，以及直接人員間接人員與薪工資費用等等。各項成本費用的重要性如何，可以該分項成本費用佔總數的比例，比較而得。對於比例高者，應投入較多人力，優先加以實施。

各企業在選定各管制項目後，仍應運用要項管制原則，研究分析構成該項成本費用的原因，條分縷析，擇其重要者加以管制。例如以生產報廢率言，首先應分析各廠各生產線的報廢成本，佔總報廢成本的比例為若干，再研究該生產線那種產品造成重大的報廢成本，然後再分析該產品造成許多報廢的原因，並研究其改進的方法。如此層層抽絲剝繭，針對各重要項目加以管制，自然事半功倍。

要訣四：就源管制

就源管制，就是研究成本費用發生的根源，制訂辦法，加以管制。若是捨本逐末，明察秋毫而不見輿薪，以殺價剋扣為能事，不但事倍功半，且將導致天怒人怨。如成本費用的根源已被控制，

不但浮濫的現象得以杜絕，若能進一步就此根源研究降低成本的方法，更易迅獲奇效。例如：

(1)降低原料成本，應努力開發協力廠商，或使其互作競爭，或轉換廉宜貨源(例如以臺灣原料代美國料)。向同一廠商殺價，固有需要，但其效果與此相比，必是小巫見大巫。

(2)減少運費，應改進物料管制及生產管制，減少空運。如有空運，應研究如何採取併裝，或選擇有能力以併裝運貨的報關行。斤斤計較報關費若干或退傭金若干，節省恐怕有限。如導致報關服務不佳，更是得不償失。

(3)提高生產績效，應減少停機缺料、改進生產過程、設計適當工具夾具、及訂立獎工制度等。增加監工，恐是徒然增加人員費用而已。

(4)減少人員薪工資及費用，應改進工作程序，減少開會，精簡人員，而非於加薪時對員工斤斤計較。

要訣五：制度管理

制度管理，乃是針對各項重要成本費用，設立制度，加以管理，以法治代替人治，以人治配合法治。企業管理的原則，除激發全體員工自動自發精神以外，尚需以制度加以規範推動。上列所述各項要訣，均是制度管理的一部份。除此而外，施行制度管理時，尚應配合下列措施：

(1)應設立報表制度

對於各項成本費用，管理者應設計各種表格，加以管制。當成本費用發生時，應填寫單據，經由適當人員核准或簽證。各項單據除留存參考外，並應分送主管部門加以彙總統計，編製成分析比較報表，一方面顯示執行成果，一方面作為考核改進的依據。

⑵追蹤檢討

追蹤檢討的目的，乃在於檢討執行的成果，研究加強改進的措施，並作為獎懲的依據。企業管理者應根據上項報表，依據原訂目標，與各權責單位會同檢討執行得失，以及解決問題的方法。企業內各項業務及措施，若無追蹤檢討，極易流於形式，毫無效果可言。

2　如何分析品質成本

一、如何分析品質成本

全面品質管制(Total Quality Control)認為某些改進產品品質及管制產品品質而發生的成本，可以作為衡量全面品質管制活動及使之成為適宜的一種手段。為求「達到與維持某種品質水準而支出的一切成本，以及因不能不達到該特定水準而發生的成本」，皆應加以合併，此種合併後的成本統稱為品質成本。

為便於分析及控制，品質成本可以分成如下四類：

⑴學習成本。

⑵鑑定成本。

⑶內部失敗成本。

⑷外部失敗成本。

表 5-1　如何計算各項成本結構

品質成本主要分類	品質成本項　　目	品質成本項目的定義及其說明	計算品質成本項目所需使用報表與方法
學習成本	品質管制工程工作	1.品質管制負責品質的計劃，為公司的整個品質管制制度建立基本體制。 2.品質管制人員計劃品質制度時所費時間。	1.用品管人員薪資作合理分攤。 2.每期依據薪資單據作固定比例分攤。
學習成本	制程管制工程工作	1.制程管制工作包括檢驗及試驗，為監督工廠內部實施品質管制，並由此逐漸取代原來事後糾舉式的檢驗工作。 2.品質管制人員花費在研究制程及分析制程的時間。	同上
	品質管制部門以外的品質計劃	1.與非直屬品質管制經理人員花費在品質計劃的時間。 2.例如可靠性研究，生產前的品質分析，編寫有關試驗及制程管制的工作教導或作業程序。	有關可靠性研究等其他間接部門人員薪資做合理分攤。
	質量數據、設備的設計及發　　展	1.經辦設計保證品質的量測及管制設備所費的時間。 2.參加設計的公司人員，不問其原隸屬單位皆包括於此項。	有關設計人員等間接部門人員薪資作合理分攤。
學習成本	品質訓練	1.指實施正式品質訓練計劃的各項成本。 2.訓練全公司各有關人員瞭解及運用品質管制技術。	用品管人員薪資作合理分攤。
	其他預防費　　用	由品質管制經理負責而又不能歸入其他特定項目的所有費用。例如文書、電話、傳真、租金及旅費等。	依收據報。

續表

監督成本	購入材料的試驗與檢查	1.指與試驗及檢查人員在評估購入材料品質所費時間及監督及事務人員的分攤成本。 2.檢驗員前往旅費亦包括於此項。	1.間接人員依薪資做合理分攤。 2.旅費依實際數字申報。
	實驗室的驗收設備	指實驗室或試驗單位為鑑定購入材料所做一切試驗的成本。	依一定比例分攤。
	實驗室或其他量測服務	1.指實驗室的各種量測服務。 2.如儀器的校準、修理及制程的監督。	依間接部門人員薪資作合理分攤。
監督成本	檢查	指檢查人員在工廠評估產品品質所費的時間，及監督與事務人員的分攤成本。	依間接部門人員薪資作合理分攤。
	試驗	指與試驗人員在工廠評估產品品質所費的時間，及監督與事務人員的分攤成本。	依間接部門人員薪資作合理分攤。
	查核人工	操作工根據品質計劃查核各自工作的品質，查核製造中各要點的產品及制程的品質，選剔不符合品質要求的產品，以及其他制程中評估產品品質所費之時間。	依間接部門人員薪資作合理分攤。
	試驗或檢查的整備	經辦人員準備產品及有關試驗所費之時間。	依間接部門人員薪資作合理分攤。

二、辨識品質成本

請結合工廠運作實際情況，填寫下列品質活動中每個項目對應的負責部門和品質成本類型

1.負責部門填寫（包括業務/研究開發/品保/品管/採購/製造/生管/培訓等部門）

2.品質成本填寫(分學習成本與監督成本)

表 5-2

品質活動	負責部門	品質成本
1.市場調查(含顧客與技術發展)	——	——
2.審查新產品構想	——	——
3.產品企劃	——	學習成本
4.審核產品企劃	新產品開發	學習成本
5.產品設計	研究開發	學習成本
6.可靠度試驗	研究開發	學習成本
7.產品試作與檢討	技　術	學習成本
8.品質規格制訂與審查	新產品開發	學習成本
9.量產試作與檢討	技　術	監督成本
10.現場品質檢查	品　保	學習成本
11.廠商調查	採　購	學習成本
12.廠商輔導	品　保	監督成本
13.廠商評核	採　購	監督成本
14.進料驗收	品　管	學習成本
15.制程檢驗	生　產	學習成本
16.制程解析	製　造	(內部失敗成本)
17.制程異常處理	品　管	
18.成品檢查	生　管	監督成本
19.產品稽核(入庫檢查)	品　管	監督成本
20.出貨檢查	品　管	監督成本
21.品質解析	品　管	評監成本
22.客怨處理	營　業	外部失敗成本
23.售後服務	服　務	外部失敗成本
24.品質改善		內部失敗成本

續表

25.報廢處理	生　　產	內部失敗成本
26.設備管理	各　　部	學習成本
27.計劃器管理	工　　務	監督成本
28.設計品質組織	品　　保	學習成本
29.教育與訓練	TQC 委員會	學習成本
30.品保系統規劃	各部門及人力發	學習成本
31.品質資訊系統規劃	展	學習成本
32.品管教育訓練規劃	品　　保	學習成本
	品　　保	

3 減少工作指揮不當的浪費

一、工作任務要清晰明瞭

6 奴僕法：讓工作指示變得清晰簡單。

假設你就是一個主人，隨時隨地你都有你的六個僕人，這六個僕人你如果用好了，就會發現他們是會為你創造價值的，再則，他們就會給你搗亂，讓你痛苦不堪。

不比不知道，你現在可以知道採用這個方法的好處了嗎？可能你比平常說得多一點點，但是卻省掉了你的部下因為不明白指示而瞎轉的時間，生產時間成本就可以省下來了。

在使用 6 奴僕法的過程中，確保每一個下屬可以準確地收到

你所發出的指示，避免時間上的浪費，在你所要求的時間內完成你所交待的工作任務。

圖 5-1

表 5-3

不用六奴僕	善用六奴僕
批示不清晰，下屬工作時無從下手，回饋速度慢，完成任務時間長	指示清晰，下屬對指令清晰瞭解，回饋速度快，很快完成工作任務
1.給我看看來料有什麼不良的，全部給我挑出來。	1.明天 A 公司的 B 材料投入前，請你全數檢查飛輪的 D 形槽有無飛刺，如果有不合規格的，統統都要挑出來。
2.為了提高品質，我們要全力以赴。	2.為了提高品質，這個月我們要全力以赴研討 p 零件所引起的不良，首先收集工序內數據。
3.做完以後一定要自檢一下。	3.螺絲上緊後，作業人員應該先檢查一下，看產品的上框正面有無傷痕，傷痕規格參照 QA 樣品。
4.凡是有異常的，一個也不要放過。	4.一定要密切注意，這次的原材料 C 與我們預訂的要求有一點差異，由於客戶要得很急，現在只能按照技術部門的指導勉強使用，所以今天對於這些凡是品質有異常的產品，一個也不要放過，以便於我們及時向技術部門回饋。

確保你的下屬準確接收指示的「六張牌」

第一張牌　發出指示或發出要求的人

第二張牌　想要達成的目標

第三張牌　指示中要包含詳細的資訊

資訊中要包含具體的人物、事件、材料或物品、地點、時間、目標、方法等。

第四張牌　注意用最簡潔的資訊傳遞方式

工作中的資訊傳遞有多種方式，比如交談、電話通知、書面通知、身體語言等方式，但是一定要遵循簡潔的原則。可以當面說的一定不要打電話可以打電話的就不要書面通知（除規定的正式文本外），可以書面通知的不要叫人傳遞。

第五張牌　準確評估接收者的接收能力

生產主管要求自己多用 6 奴僕法儘量準確、快速發出工作指示，同時還要評估員工的接收能力，如果部下不具備接收能力的話，那麼需要反問自己，是否需要給予此人培訓。

第六張牌　儘量要求資訊的接收者儘快回饋

將你的工作指示用最快的速度發出去，如果你的工作指示到工作結束的時候操作人員才收到，那不就成了一句空話嗎？

在這幾張牌中，最容易為主管們所忽視的是其中第 3 和第 5 張，我們很多時候容易犯這樣的錯誤，總以為我們的操作人員或作業人員知道整件事情的來龍去脈，以為自己只要簡單提示一下，下屬肯定能理解自己的意圖，肯定可以把事情搞掂，因此乾脆長話短說，能省則省。

二、運用多種溝通方式，讓資訊交流史順暢

生產現場中常面臨著不斷出現的問題，爲了保證產品的品質，節約生產的成本，生產現場的資訊往往需要及時地回饋，否則就容易造成產品的品質問題、物流的配送問題、銷售的售後服務問題以及企業的聲譽問題等一系列的損失，因此在這個時候節約資訊溝通的時間，保證各類現場資訊迅速有效地溝通就意味著節約企業產品的成本。

生產現場有兩類資訊交流的方式：一類是從上到下，即上司通過指示、命令、通知這幾種主要的形式將資訊發出，然後部下接收；另一類是由下至上，即由部下用口頭報告、書面報告的形式發出資訊，再由上級接收。一般來說，發出資訊很快就可以完成，但是要準確、迅速地接收並理解和執行卻不容易。

資訊交流在生產現場中呈現以下幾種狀態，如表 5-4 所示。

1.生產現場資訊交流的意義

⑴迅速解決工作中的問題

生產中各種問題總是層出不窮，必須不停地去面對它。班組內面臨的問題，必須要由全體成員一起來解決，但是如果資訊交流不暢，雙方之間就無法達成共識，也無法解決問題。

⑵促進上下級間的相互理解、信任，不斷提高團隊的凝聚力

一個團隊中的任意兩個成員，起初都是從陌生到認識，從並不相互信任、相互理解到逐步互相信任、相互理解，只有通過長時間的溝通交流，才能夠開始信任、理解，才能提升班組的凝聚力。

表 5-4

員　工	主　管	班組內其他員工	知情方式/處理方式
你不知道	我不知道	大家都不知道	上網、翻書、求教他人
你不知道	我知道	大家都知道	新員工、新成員、某情況發生時不在場的成員應該讓他儘快瞭解班組工作中的要求、規則、變化
你不知道	我不知道	大家都知道	說明主管與員工之間關係可能過於親密或已形成利益小團體，須注意不良影響，避免員工聯手反抗自己
你知道	我不知道	大家都不知道	請此人介紹方法、技巧，或重用此人在某一方面的技能
你知道	我知道	大家都不知	你/我犯了錯誤或有小秘密，在可以原諒/接受的範圍內內部自行處理
你知道	我不知道	大家都知道	下屬們可能犯了錯誤或者想要聯手對付你，此時需要細心觀察員工的表情、反應，或用請外部人員來調查自己的方式來瞭解原由

⑶分工協作，達成共識，提升效率

　　班組中每一個成員的分工不同，他們之間只有通過溝通協調，才知道各人的分工及各人要做的工作，這樣才可以各自調整自己的工作計劃和行爲，迅速解決生產中所面臨的問題。

　　比如，我們在籃球比賽中經常看到，在激烈的比賽中隊員之間會很快自行分工，「我盯住 23 號，你們兩個看住 9 號！」，「明白！」「OK！」。所以說我們會發現，在越是激烈的比賽或者對抗競爭中，由於競爭的需要對每一個團隊成員協作要求就會越高。

而此時，每一個團隊成員的協作效率也會越高。

三、如何改善現場資訊交流管道

在現場管理中，如何提升現場資訊交流的手段和改善資訊交流的管道來節約時間、降低成本呢？

1.提高資訊交流的手段

資訊交流一般可以採用聲音、圖像、身體語言、刺激對方的嗅覺等方式來實現。在我們的日常生活中，以聲音和圖像交流為主。因此，在生產現場的交流中，要訓練自己的口頭表達能力、書面報告能力及表單的製作能力。如果有條件，一些電子通信工具的使用及車輛駕駛資格的獲取對於提升交流的手段也是比較重要的。

所以，在資訊交流時，主管要注意提升資訊交流的手段和改善資訊交流的管道。

2.改善資訊溝通的管道

信息管道：生產現場發出的資訊需要得到及時回饋，因此生產管理現場的溝通是資訊全通道型交流，否則生產、物流、銷售便會受到影響，為了要得到及時回饋，就得在第一時間裏，把資訊向外發出去，同時也要求在第一時間裏接收並繼續回饋，實現關於生產物流、銷售、資訊的來回的交流。班組內也應該形成這樣的小循環，這樣可以大大地節約決策時間，節省時間成本。

4 減少生產動作浪費

一、動作經濟原則對於生產成本的影響

在工作中，人們總是會不斷尋求更容易、更有效率、更經濟而且能令心情更愉快的工作方法。如果在我們的生產工作中，能夠尋找到更好的方法來減少動作浪費，這樣也必然會提升我們的發展速度，減少工作者的勞動量並提高勞動生產率。目前企業用得比較多的是 IE 方法，因為 IE 的精髓即是幫助人們在工作中去尋找更好的方法，來提升我們的效率，降低工作的強度。

1.什麼是 IE

工業工程(Industrial Engineering)簡稱 IE，IE 是對人員、物料及設備等從事整個工業系統的設計、改進和運用的一門科學。它利用數學、自然科學與社會科學的專門知識及技巧，並利用工程分析與設計的原理、方法，來規劃、預測並評估對系統設計、改進、運用所獲得的效果。

所有人類及非人類參與的活動，只要有動作的出現，都可應用工業工程的原理、原則，以及工業工程的系統化技術，通過最佳途徑來達到目的。譬如工業工程中的動作連貫性分析，由於人類的任何一種動作都有連貫性，因此把各動作經過仔細分析，分成一個個微細單元，刪掉不必要的動作，合併可連接的動作，以

達到工作簡化、動作經濟、省時省工的目的。

2.作業程序分析和動作分析

動作分析的目的是為了儘量精簡一切多餘的動作,這就涉及到動作經濟原則。

動作經濟原則,指為了最大限度地提高勞動生產率、降低作業人員的動作疲勞程度而追求最快最佳作業動作的原則。根據這個原則,任何人都可以對動作的有效程度進行確認與改進。

3.減少動作浪費對於企業生產成本的影響

圖 5-2

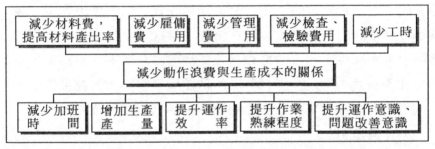

從上圖可以看到,一旦採用 IE 動作經濟原則,將可以有效地給自己節約更多的能量,也給企業和自己創造出便高的價值,節約更多的成本。

二、動作改進──減少不必要動作「五看」法

動作改進的前提是先對內容進行動作分析,即觀察操作人員的動作順序和動作方法,按特定的方式將他的手、眼、身體其他部位的作業動作詳細記錄下來,並製作成圖表,依此來分析動作並尋找改善著眼點的方法。

表 5-5　「五看」法

一、是否有超出必須內容的動作，降低動作頻率	
動作方法	減少不必要動作、眼睛移動，兩個動作整合為一個動作
現場作業	1.以易操作的狀態 2.按作業順序擺放 3.工具固定位置
活用夾具、設備	儘量採用一個動作即可控制工具或設備，選擇不需要太多調整即可使用的夾具。
二、是否有單手保持、等待的行為，力求雙手同時動作	
動作方法	爭取兩手一起動作，一起結束，或兩手一起反向或對稱動作。
現場作業	預留足夠空間供兩手同時操作
活用夾具、設備	1.夾具固定，給動作物件定位。 2.採用兩手同時動作的夾具。 3.需要用力的工作或簡單動作可加上腳。
三、是否有的動作幅度過大、過長，減少動作路徑	
動作方法	用最適合的身體部位在最短距離內動作
現場作業	以動作方便為前提，作業區域越小越經濟
活用夾具、設備	利用重力、彈道軌跡原理取運材料，儘量要求將移動操作位置放在身體最容易控制的部位。
四、是否可以節省某些動作要求，讓動作簡單輕鬆	
動作方法	利用現有動作方向、慣性、反向力、重力等，減少出力動作。
現場作業	將操作位置/臺面調到最適合。
活用夾具、設備	要求設計/採購部門改造/訂制夾具，及手握部分較便的工具，要求便於抓取、儘量操作方向與機體動方向保持一致。
五、是否減少身體部位的範圍	
動作方法	儘量少使用身體部位
現場作業	利用慣性原理、彈道軌跡原理工作，保持工作的連續性，注意節奏
活用夾具、設備	需耗用較大體力時，儘量利用機械夾具操作，移動重量大的物品

動作分析主要可以通過直接觀察法和錄影觀察法來進行，即主要看所觀察的對象和動作是否能夠有效地降低動作的頻率、儘量保持雙手動作、保持人與設備及夾具的配合、減少動作的路徑、減少身體部位的使用範圍等，最終能夠使操作者的動作越來越簡單輕鬆。

儘量去除不必要動作、減少動作次數、減少工作路徑、減少身體移動的部位、合理利用機械，讓動作變簡單輕鬆。

由於人的行為長期積累成一種習慣，很難變更，所以動作分析只是減少多餘動作的起點。要想實現動作改進，還需要進行不懈的努力。即在簡化必需動作之後，還要強化自己的行為，將簡化後的動作反覆練習，成為工作習慣。同時在讓所有員工養成改善問題的習慣之後，才是節約成本，真正為拿業創造價值的開始。

心得欄

----

5 減少設備使用不當的浪費

　　「工欲善其事，必先利其器」在做事之前必須先準備好相應的工具。生產也是如此，沒有好的設備就無法生產出好的產品。同樣沒有好的維護就不可能讓設備高效運轉，因為一項設備的正常運轉是在養不在修。可以毫不誇張的說，設備就是我們吃飯的工具。要想生產一流的產品，就得要有一流的設備；要想確保一流的精度，就得先有一流的設備維護才行。

一、生產設備基礎知識

　　因為設備的長期使用「在養不在修」，因此在操作過程中應該儘量避免設備使用不當所帶來的故障及因此給生產帶來的種種損失。在生產中，我們的使用條件越惡劣，設備就會損壞得越快，隨著時間的推移，設備就會越快地走向老化期。因此，為了讓設備能夠更好地為我們服務、創造價值，對設備的精心養護也就是為企業節約成本。

　　一個生產型企業一般有如下設備，見表 5-6。

　　設備故障是指設備在運轉時喪失其規定的固有功能。設備故障主要由以下原因引起：

表 5-6

設備類別	設備名稱
生產技術設備	如反應釜、攪拌機、鍋爐等
輔助生產設備	如空壓機、吸料設備、電動葫蘆、叉車、搬運設備等
檢測設備	如乾燥機、分析儀、電子流量計等
辦公設備	如電腦、影印機、傳真機、印表機、掃描器等
後勤設備	如對講機、飲水機、冷氣機、車輛等

1.機器使用磨損

機器的使用磨損可以分為有形和無形磨損，前一個是指在使用過程中設備常有的物質磨損以及由於環境侵蝕而造成的化學變化和物理變化；後一個指的是由於技術進步，設備的價值降低甚至淘汰所帶來的貶值。這裏指的主要是前者。

2.違規操作

任何設備的操作都有嚴格的使用步驟，如果不按照標準操作程序，自然就會很快直接導致設備的故障產生。

3.自行改變設備的功能

不管可不可以，只要是想要的功能，就只管在現在設備上改。改的最後結果很可能導致新的功能不好用，舊的功能又用不了。因此，修改設備的功能應該小心謹慎。

4.超負荷或滿負荷運轉

設備長年持續運轉，讓設備長期處於超負荷狀態，將使設備磨損加劇，提早老化。

5.設備本身設計上有缺陷，維護手法不當等等

其實設備的故障與管理是息息相關的，設備一旦發生故障，

將給企業帶來巨大的損失。我們應該對設備的每一個階段採取預防性的管理措施，降低設備的故障次數和頻率，才能讓設備高效的產出。

二、如何解決設備使用不當的問題

根據設備故障主要原因，在設備的使用和保養時，就應格外注意，避免各種設備使用不當的問題出現。設備使用不當，通常有以下幾種原因：

(1)設備長期超負荷或滿負荷運轉。

(2)設備維護方式不當。

(3)設備磨損。

(4)違規操作設備。

(5)設備本身設計不良。

(6)作業者或維修人員自行改變設備用途。

三、設備保養先看說明書

有的人甚至從來都沒有看過操作說明書或操作要求，就直接對設備進行操作，有的人具備這樣的一種悟性，試幾次之後可能就可以操作設備了。但是對於機器設備而言，這最初的幾次摸索必然造成設備或大或小的磨損。

設備是很多生產型企業賴以生存的工具，設備的非正常磨損有時往往會釀成更大的損失，因此，每一名員工在進行設備操作之前應該預先讓其對設備有一個大概的瞭解與認識。

6 減少工序等待的浪費

一、等待是執行力最大的障礙

1.當生產缺料時，不要以爲這就是採購倉管人員一個人或者一個部門的責任，這應該是大家的事情，可以一起協助，爲其他的部門同事提供情報。找找原來的工廠裏存放的材料，看是不是還可以頂上一陣。同時，也可以利用缺料的空檔組織你的部下一起做一些其他的工作，比如清理整頓、保養設備等。

2.設備出現臨時故障，可以在故障處設立故障信號燈，並及時通知維修人員。熟悉設備情況的成員還應儘量在維修人員作業時提供相應的幫助，以確保設備儘快修復運轉。同時，你也可以利用等待的時間組織員工一起對其他尚未出現故障的設備進行檢查和保養。

3.產品換線時，由於產品多種少量，換線頻率高，這時必須快速換模，進行短線生產，看看是誰的速度比較慢一點，可以及時給他提供一些協助，或讓先已經完成的員工過來幫忙。平時應該儘量培養每位員工發展多項專長，一方面使員工易於調度，另一方面也是培養員工的個人能力的需要，並使他在工作中可以兼任多項工作，爲他們在今後的發展打下基礎。

二、身先士卒作用大，齊向 8 小時要效益

如何避免員工磨洋工為例，我們發現，如果員工的整體素質相對較低時，他們會想出用各種各樣的方法來對抗工作，這時主管應該以攻心為上，先從自己做起，讓員工逐步改變自己。

生產主管作為現場管理人員一般總是先來後走，每天工作的時間遠遠不止 8 小時，但這是職責所在，無法推卸。總之現場管理人員尤其是生產主管總是在「管」與「做」這兩個角色之間不停地變換著，「做」是為了更好地管，「管」是為了保證整體目標更好地實現。

看三類人對加班的態度，拿捏如何控制加班成本：

很多主管可能以為，員工要是做不完工作就只能加班了，於是經常安排自己的下屬來加班。其實很多的時候，要完成工作任務，不是靠單純的加班來解決的，而且一個班組加班數量的多少直接體現在你管理的班組成員的人工成本上。因此，作為主管，先要瞭解到，其實不同人員對於加班的態度是不一樣的，否則許多時候即使你和你的下屬一起工作的時候很長，你們工作得非常辛苦，但是你卻無法得到上級的肯定甚至下屬的認可。

每個員工每天工作的時間是 8 小時。如果你的班組在 8 小時內工作效率低下，長期將工作的時間延長到八小時之外，可能除了有一些加班工資，另外收穫的就會是員工和自己身心疲乏以及老闆、上司們的白眼了。因此，作為主管，需要瞭解員工對於加班的不同心態：

表 5-7

不同人員	不同心態
經營者/老闆	加班就得多付工資，還要多耗電、多用資源、增加成本。如果天天有訂單，加班還可以勉強接受。不過加班工資可以不付或者是少付就好了！
管理者/生產經理/主管	如果不加班就能完成生產計劃最好，除非大家一起提高工作效率。有時計劃不如變化快，不加班又怎麼完得成呢？該加才加，沒有辦法。
操作人員/作業人員	如果加班給加班工資還差不多，最好是法定節假日加，這樣賺錢就快一些。

其實很多人都不想加班。那麼如果想要完成任務，為企業為老闆為大家節約成本，又想讓員工每天休息好，第二天有更多的精力投入到工作中來，唯一之計就是提高工作效率，向 8 小時要效益。提高工作效率，有下列三步曲：

一天之計在於前夜，在工作的前夜對於第二天要做的事情有一個整體的計劃，並將其記住。隨身帶紙筆，記錄當天突發事件或突發任務。

每天留意記錄看板上/通知欄上與自己工作相關的內容，根據需要及時調整工作內容，留意將工作的重點應該放在緊急而又重要的事情上。

部屬彙報盡可能儘快回覆，當天無法回覆說明回饋的時間。每天檢查工作完成進度，及時將進度情況向相關人員進行回饋。

如有工作需要加班完成，設法控制加班時間。**適當授權，必要時對工作完成的過程行行督促。**

7　避免物品庫存浪費

　　一個企業從無到有，再到逐步發展壯大，伴隨著企業的整個成長過程，庫存成為一個永遠甩也甩不掉的大尾巴。尤其是在製作業中，庫存問題已經成為企業的兩大死穴之一。

　　一個企業，如果你想知道它的經營是否呈現良性的發展，不用看別的，只要去這個公司的倉庫裏看一看就行了。一般一個公司庫存多，銷售肯定差，如果庫存少，就說明銷售也很旺。這句話雖然有些偏頗，但是卻也不無道理。很多企業總是覺得自己沒有錢花，為什麼呢？回過頭仔細一看，原來我們的錢全在倉庫裏睡大覺！一個企業的成本主要是由人工費用、材料費用、設備及場地費用、管理費用這幾項組成。

　　每個企業都希望自己花錢少一點，掙錢多一點，可是放在倉庫裏的原材料或產品就是一堆錢，它放在那裏不會給你帶來經濟效益，相反我們還要因此而支付高昂的利息給銀行。另外，倉庫材料產品的庫存多了，相應的還需要增加一定的管理人員、搬運器材、搬運工具、增加盤點工作的時間和難度……

　　至今為止，絕大多數企業實現零庫存還是一個遙遠的夢想，因為庫存的存在還在受到如裝置及設備最小容量的限制、物流條件限制、環境季節的影響、訂貨成本的影響、產品品質的影響、產品售後服務的限制等客觀因素的制約，因此由於材料的庫存特

點，給生產制造型企業的各個管理階層帶來越來越嚴峻的考驗。

一、現場庫存控制的方法

一說到庫存，第一反應就會想到倉庫裏的材料和產品，其實庫存應該是包含兩個方面的內容，它應該是倉庫庫存與現場庫存的總和。如果要調查庫存，只看倉庫庫存也是不合理的，還應該考慮現場庫存的實際情況，就主管對於生產成本的控制與管理而言，現場庫存的量也是需要像倉庫庫存一樣有一個安全線的。當現場的庫存量大時，就會造成倉庫缺料的假情報，現場有限的工作空間被佔用，現場的整頓整頓清掃工作難以進行；而當現場庫存量不足時，則會出現停工待料、或因設備工具問題故障而讓後工序等待、或開工前需花費大量時間準備原料等問題。因此，很多的管理人員更多的時候有一種「怕少」的心態，因為如果原材料多，一是生產的時候不會覺得材料不夠用，二是很多時候可以掩蓋自己準備不足、計劃不夠精細及不良率高的問題。

作為主管如何降低成本，有效降低線上庫存應該注意的是：

在前後工序之間設立與生產相適應的物流線路，並按照「四釘法」，要對物流方向和物品交接的方法定出物品交接的地點、交接人、交接的數量及具體交接的時間。

現場庫存還有一部分不用的材料。

為什麼叫不用的材料呢？這是因為由於生產計劃或其他的生產要素的變化和制約，導致生產結束後，仍然有一部分材料沒有全部用完。這些剩餘的呆料、舊料就是不用的材料。

我們很多時候把這些不用的材料放在一邊，不管不顧，可是

一旦需要的時候卻發現，不是根本找不到，就是已經失效了，或者被工作環境中的酸、堿、空氣腐蝕或是氧化了。這時候原來的材料用不了，新購材料又要等，不但增加了成本，還要延誤生產！這些材料的浪費與時間的疊加，意味著成本又上升了。

二、不用物品時，記得要封好

由於不是所有的原材料都會加工成產品，必然導致部分物料剩餘，當剩餘的量多時還好辦，還可以退回給倉庫，而剩餘量少時，很多人都會覺得一是退回的手續太麻煩，二是又不捨得報廢，只好另找一個地方將它存放起來。

現在的消費者越來越追求個性化的產品，即使是功能一致的產品他們也仍然希望能夠在色彩或外觀上與他人區分開來，這就導致在同一條生產線上，不同的機種要來回切換進行生產的現象也越來越頻繁。由此，就產生了「不用的材料」，對於這一部分剩餘的呆料、舊料應該如何處理呢？

1.**不用的材料形成的原因**

(1)設計的失誤與變更，包括：前後版本不一致；前後版本產品無法自然切換。

(2)生產、銷售計劃變化，包括：生產中途急停，原材滯留在現場；某一種材料缺貨，其他材料無法與之配套。

(3)採購的原因，包括：未嚴格控制採購數目；供應商包裝數目與要求不一致。

(4)不用的材料長期擱置形成的危害有：相互竄用或丟失材料；管理成本增大；浪費現場空間。

2.不用的材料管理對策

(1)設立暫存區,標識清晰,以更有效查找。

(2)產品換線/切換時須清除全部材料,要關注:剩餘備用材料;外借材料清除全部材料;跌落材料;機器/設備內材料。

(3)封存材料,增加標識,沿用「先來先用」原則,避免材料過期而浪費,儘量使其與倉庫保管條件相同。

「千里之堤,潰於蟻穴」,從小處著眼,一點一滴地節省,才能夠全面降低生產的成本。有時候,之所以會輸給競爭對手,可能只是成本上的一點小差距,市場價格競爭的白熱化在製造業中體現尤其明顯。

8　生產空間的改善對策

一個合理的佈局能夠讓人心情愉快,工作輕鬆自在。合理的生產佈局需要考慮到各個生產因素並且將它們放在最佳的位置上,讓每一個要素在它的最佳位置上發揮出最好的效益。對於空間的利用應該先從問題最容易暴露出來的地點來看,這些原材料、材料集中的地方正是反映了這個情況。

通常在企業中有著這樣的一些焦點地帶,比如成品堆積的地方,半成品堆積的地方,前後工序間物品交接的地方,材料堆積的地方,搬運道次多,容易造成破損的地方。

表 5-8

現　　象 ⟹	對　　策
1.堆積成品的地方： ・沒有明顯標示，沒有固定容器，堆放不整齊 ・很多材料已經放了很久了 ・有些東西由於沒有儲存架，拿取起來很不方便	・改良包裝，採用固定之箱子等 ・生產管制必須與銷管配合 ・加強品管避免不良品，就可不必多做
2.半成品堆積的地方： ・不合理的堆積方式，物品易碰損 ・生產線前後工序之間的堆積 ・有些東西已經堆得太多太久，不知什麼時候才能用得上	・生產線重新規劃，消除瓶頸 ・使之平衡降低不良率 ・採購、生管、銷售、生產之良好配合 ・放於盛具上
3.前後工序間物品交接的地方： ・不合理的堆積方式，物品易碰損 ・生產線前後工序之間的堆積 ・有些東西已經堆得太多太久，不知什麼時候才能用得上	・設置料架、改善料架、購置容器、設定存放區 ・降低庫存 ・加強管理，主管身體力行
4.材料堆積的地方： ・材料存放凌亂，進料取料時很不方便 ・材料堆放久了之後再也沒有人管理，這裏很快就會成為呆料 ・影響行人通行，沒有辦法做到先進先出 ・標示不清，根本沒有黃線區	・使用台車，減少人力 ・更改場所配置 ・採用輸送帶作業
5.搬運道次多，長，是無效之工時， ・容易造成碰損 ・路線太長，次數多 ・方法不合理，工作者很費力	・使用台車，減少人力 ・更改場所配置 ・採用輸送帶作業

　　空間佈局的改善可以有效地提高工序的運作水準和能力，使得產品在工序內直線式流動，有效地避免貨物的來回或逆向流動。明確流動的層次，有效避免與相鄰的正在操作的事物交叉、混合的機會，使得貨物可以在最短的時間移動到相應的地方，減少貨物停滯的時間；可以削減搬運工時，還能最大限度地利用各種機械設備；有效地利用空間、減少不必要的人力資源，為生產創造良好的工作環境。

1.佈局改善的基本原則

　　(1)整合：將各生產要素有效連接，形成一個整體，強調有機連接。

　　(2)可變性：對各種生產要素的變化，可在最小損失範圍內轉變過來。

　　(3)易管理：佈局時還要考慮便於識別，巡視查找等利於管理展開的活動。

　　(4)安全性：消除作業中的安全隱患，保證員工的人身安全。

　　(5)時空最短：可以在最短的時間和距離內獲得各項用於生產所需要的生產要素。

　　(6)主體空間利用：盡可能利用現有建築物內作業的一切立體空間。

　　(7)順次滾動：按照技術的要求，儘早將前後工序有機地連接起來，以避免搬運和等待的浪費。

2.空間佈局的原則

　　空間佈局的原則，如圖 5-3 所示。

圖 5-3　空間佈局的原則

> 　　從投料到產出，爲使各個工序連續流動，對生產場所、設備、人員、材料按技術要求進行佈局。

> 　　將產品的主要材料，放在固定場所，副料、輔料等其他生產要素都移動到此場地進行生產。
> 　　多用於大型產品如飛機、輪船製造中。

> 　　生產設備處於產品、材料等物測核心的位置，其生產要素移動到此場所，依靠設備生產產品。
> 　　常用於鋼鐵，化工、煉油等行業。

9　減少找尋物品的浪費

一、有標識才好識別

　　有太多的物品、器材暫時沒有用，可是它卻一直佔據一個空間，終有一天這個地方也放不下了，佔據空間的方式也從平面延伸爲立體，從地面或桌面延伸到牆面。

　　很多企業家的工廠或庫房外面都有這樣的「寶山」！這時候這些物品對空間的佔有越多，就越需要能夠迅速地找到它。可是當我們有需要時，卻很難很快地從這堆東西裏面找到我們所需要的東西。我們生命中很重要的一部分就是在尋找之中度過的。可是爲什麼從一開始的時候就沒有努力去整理歸類呢？因爲這樣可

以為我們節約時間、提高效率,並避免在後續的過程中找的麻煩。

美國一家非常有名的汽車公司總裁,他每次都要求他的秘書呈交的文件放在各種顏色不同的公文夾中(如下表)。

表 5-9

顏 色	代表內容
紅	特 急
綠	立即批閱
橙	週末時須批閱
黃	必須在一週內批閱的文件
白	週末時必須批閱
黑	必須由他簽名的文件

這樣他每天很快找出他的工作重點,迅速地把它們處理完。

在我們工作中,如果也能夠這樣把你的工作條理分明,分出輕重緩急,這樣你才能在有效的時間內,創造出更大的機會,也使你工作遊刃有餘,事半功倍。

從故事中可以看出,這位總裁應該是很善於給自己的資料做標識的,他通過清晰的顏色識別可以幫助自己儘快的找到了想要看的文件,同時將工作分出輕得緩急,幫助自己在下期工作中儘快地有合理的計劃。

二、掌握不同對象的識別方法

在生產現場的活動,對於人的聽覺、觸覺、視覺三種使用得最為廣泛。可以利用人的這幾項本能對生產現場的所有人、事、物進行標識,主要體現在人員識別、設備識別、材料識別、作業

識別、環境識別、顏色識別、品質目標、生產進度、行蹤識別幾
個方面：

表 5-10

識別類別	識別對象	標識方法
設備識別	設備設置、設備名稱、設備運作狀況、編號位置等	・在地上畫線，畫出大型設備的佔地方位 ・在工廠顯眼的地方掛或貼標牌、標貼 ・加熱裝置有標示，各個線路都編號，每條管路標清楚
	安全逃生、救急裝置	・對專用場地如逃生通道、安全區進行標示 ・每一個救急裝置進行標示 ・對危險區設置鮮豔的隔離裝置 ・將緊急停止按鍵放在容易觸摸的地方 ・使用聲音及燈光提示
	操作流程示意圖	・對機械或精密設備進行最佳狀態痕跡留底，防止偏差
人員識別	員工與外部人員	工作服、廠牌
	新員工與舊員工	新人的配飾有別於老員工
	不同職位/工種	・不同級別服裝面料、款式、功能不同 ・佩戴不同顏色的胸章、肩章、臂章來識別 ・特殊設備操作崗位攜帶防護用品或作業工具來區別
作業識別	操作過程、操作結果	・更多地使用圖片、樣品、文字等直觀的方式進行識別
	技術流程、生產局面	
	操作者、檢查者及日期	・將識別方法放在最顯眼的位置
	品質重點控制內容、重要注意事項	・將要點拍成圖片或寫成簡短的要求直接放在操作場所或臺面提醒作業人員
材料識別	不良品與良品	・不同品質的產品放在不同顏色的容器或區域內 ・在產品外包裝上作標記 ・對於試做的產品等進行標記，便於識別、抽檢

材料識別	保管條件	• 嚴格根據貨物流動的時間遵循先進先出原則 • 不同性質的產品分區擺放
	貨物的品名、編號、來歷、數量、狀態	• 跟蹤原材料的現品票，如有問題直接在上面做標記
環境識別	廠區平面圖	• 每一幢建築物用標牌識別
	各部門工作位置	• 標牌，如某工廠、某部門、洗手間、禁煙區等
	通信、水、電、氣、油管等的識別	• 管道安裝時即加以標識，也可在清理時增加標識
	文件、閱讀資料	• 顏色標識
生產進度識別	生產計劃、出貨計劃、員工考勤、成品庫存等	• 通過儀錶顯示、看板張貼等方式，隨時瞭解進度、出勤情況、庫存情況
品質目標識別	重要工序控制圖、QC檢查表等	• 儀錶顯示
行蹤識別	出勤情況、行蹤動向	• 看板顯示行蹤、內部聯繫表方便臨時聯絡查找

透過這八個方面對人、物進行標識，其目的就是為了要減少找的浪費。

標識管理是一個持續的工作，因此在生產現場內部對標識的管理還應該注意：

1.如果有新產品正處於試做階段，對於這些項目一定要多花一些時間對它做出標識。

2.正常生產時，有時由於對不良的原因一時無法判定，應該先將它作好標識後放在一邊，以便於將來處理。

3.一個公司或者一個部門的識別手法要統一。

4.同一標牌最好中英文共同標識。

5.運用圖畫、模型或實物比較感性化的東西放在看板裏，幫助加深員工的印象。

6.現場內如果有每天都需要更新的內容，可以用一些夾子將它固定，便於換取。

7.現場生產管理中的這些識別管理活動能夠使我們將各項生產要素的異常情況和不良狀況明確下來，可以有效地提高員工的自主管理水準，減少找的浪費，減少管理成本，有效地將企業中的瞎幹地方暴露出來，有利於公司改進。

10 管制銲錫成本的案例

某電子公司生產電子零件，供銷電視及電腦器材製造廠商，作為裝配成品之用。該公司所生產的產品，均是按照客戶所訂規格而製造，屬於訂單生產型工廠。由於每一客戶每種零件規格都不相同，產品型號多達千餘種以上。該公司為管理方便計，乃按產品結構基本型態，分為數類，每一類別設立不同的生產線，加以管理。該公司管理制度尚稱完備。對於每一型號產品，均由工程部訂定用料清表(Bill of Material)。清單中對於製造所需的原料種類、規格及標準用量，均加以明確規定，以作為生產、購料以及發料的依據。但在用料清表中，部份原料，例如銲錫、環氧樹脂、丙酮及染料等，由於用量難以精確計算，且在產品原料成本中所佔比例很小，均列為「雜項用料」，僅以「按生產所需」

表示，對於標準用量亦未明確規定。

生產線領取雜項用料，因是「按生產所需」，多按使用情況，在使用將完時申領。雜項用料中，以銲錫條價值最高，目前進料成本每公斤約 400 元。由於該公司產品為零件，銲錫製程並非在輸送帶上作業，而是在各生產線裝設大小不等的銲錫爐，每爐配屬一位作業員。目前每線約有十餘爐，全廠共數十爐。銲錫條自倉庫領取後，由生產線主任集中保管，按生產需要發給各作業員。

一、解決方案

為應對市場競爭激烈，該公司一向致力於「提高生產績效，降低成本費用」，以加強競爭能力。由於上述各項情況，該公司遂下定決心，對於銲錫費用，按照下列步驟，強力加以管制：

1.請物料管制單位，依據各生產線所發出的領料單，統計半年來各月各線領取的銲錫數量。請生產管制單位，統計各該月各線製成品入倉數量。最後並請會計部門編成比較表，列明各月各線領取銲錫數量，製成品入庫量，以及每千個製成品使用銲錫的單位實際用量。

2.將前項比較表分送生管、工程、生產線及工業工程單位參考，並訂立下列四項要點：

(1)請工程部研究產品性質，訂定每生產線每千個產品的標準銲錫用量。研究訂定標準時，如發現與表列實際用量差異較大時，應與生產線主管會同檢討，以便訂立適當標準。

(2)請工業工程部針對各型銲錫爐，與生產線會同研究，在空爐時一次應發予作業員銲錫條若干。

⑶規定銲錫條一律由生產線主任負責保管，鎖入材料櫃中。材料櫃鎖具均予加強，如有需要，另換新櫃。同時並規定，如需補充銲錫液時，由領班領取銲錫條給作業員，溶滿後即將殘餘銲錫條收回，仍交還生產線主任鎖入櫃中。

⑷規定各生產線廢銲錫渣應搜集起來，到達相當數量時，用大銲錫爐再予溶解，以便回收可用殘餘銲錫。

3.由總經理召集生產、工程、工業工程及會計單位，對於工程部所研究擬訂的標準用量，作最後確定，並以此項標準用量作爲各線努力的目標。

4.每月仍由會計部編製各線別實際與標準銲錫用量比較表，分送前列各有關單位及總經理。總經理對於用量差異較大的生產線，即加以追蹤檢討，查明原因，研究改進的方法。經數月後，再對標準用量加以檢討及修改。

二、效果及分析

各項措施實行以後，各生產線對於銲錫的使用及保管，均十分注意，銲錫用量節節鉅幅下降。與未加強管制前比較，各線銲錫用量，減少竟達 1/3 甚或一半以上，節省成本年達新臺幣 150 萬元左右。各項偷竊傳言也逐漸平息，大門出入檢查時更未再發現夾帶銲錫條的事情。

1.分層負責

爲實行本項管制措施，所動員的部門包括料管、生管、工程、生產及會計。各部門依其職責，基於團隊精神，互相分工彼此合作。其中負責執行者，明定爲生產線，亦即由生產線主任負責保

管及用量管制,並由領班協助。

2.目標管理

工程部所訂標準,就是銲錫用量的目標。每月以實際與標準用量相比較,而後加以追蹤檢討,是目標管理方法之一。目標並非一成不變,該公司以協商訂立目標,並根據實際情況修訂目標,可使目標合於實際,並促使員工不斷力求進步。

3.要項管制

銲錫雖為雜項用料,但如加以管制,所節省的成本也十分鉅大,又由於人員士氣的影響,更增加管制的必要性。

4.就源管制

上述所列的各項措施,均是在銲錫成本所發生的根源,加以管制。有方法,有具體措施,自然容易發生效果。

5.制度管理

該公司管制本項費用,訂有嚴密的制度,有經常性的表報以及追蹤檢討。以制度推動措施,自能期於永久有效。

心得欄

第 六 章

如何確保廠內工作安全

1 創造良好的工作環境

一、5S 測試：生產現場安全情況

下列是 5S 管理的推動具體技巧的。對企業提升生產績效有很大的幫助。

1.整理和整頓活動檢查表

表 6-1　整理和整頓活動檢查表

檢查內容	檢查標準	檢查方法
整　　理	1.尚未對身邊物品進行整理 2.已整理，但不太徹底 3.整理基本徹底 4.整理較徹底 5.整理徹底	查看現場 詢　　問

續表

整　　頓	1.物品尚未分類放置和標識 2.部分物品尚未分類放置和標識 3.物品已基本分類放置並標識，但取用不便 4.物品已分類放置和標識，取用較方便 5.物品已分類放置和標識，取用方便	查看現場觀察 取用方法和時間
物品分類及 存棄規則	1.未建立物品分類及存棄規則 2.物品分類及存棄規則不太完善 3.物品分類及存棄規則基本完善 4.物品分類及存棄規則較完善 5.物品分類及存棄規則完善	審閱文件 核對現場

2.清掃、清潔活動檢查表

表 6-2　清掃、清潔活動檢查表

檢查內容	檢查標準	檢查方法
清　　掃	1.未按計劃和職責規定實施清掃 2.未嚴格按計劃和職責規定實施清掃 3.基本按計劃和職責規定實施了清掃 4.偶爾未按計劃和職責規定實施清掃 5.已按計劃和職責規定實施了清掃	查閱記錄觀察 跟蹤詢問
清　　潔	1.未養成清潔習慣、環境髒亂 2.清潔堅持不好，效果差 3.基本養成清潔習慣，環境尚整潔 4.已養成清潔習慣，環境較整潔 5.已養成清潔習慣	觀察現場檢查 記錄詢問
計劃和職責	1.無計劃、也未落實職責 2.計劃和職責規定不明確、不完善 3.計劃和職責規定基本完善 4.計劃和職責規定較完善 5.計劃和職責規定完善	查閱文件

3.保養活動檢查表

表 6-3　保養活動檢查表

檢查內容	檢查標準	檢查方法
培　　訓	1.尚未很好開展培訓 2.培訓計劃性差、效果差 3.培訓基本按計劃進行、效果尚可 4.培訓已按計劃執行、效果較好 5.培訓已按計劃執行，效果好	查閱記錄抽查培訓效果（抽檢考核與員工交談等）觀察實際效果
行為規範和培訓計劃	1.無行為規範和培訓計劃 2.有行為規範和培訓計劃，但不易理解和貫徹 3.行為規範和培訓計劃尚可 4.行為規範和培訓計劃較好 5.行為規範和培訓計劃符合要求	查閱文件
溝通與自律	1.員工間溝通和自律尚未形成習慣 2.溝通和自律較差 3.溝通和自律一般 4.溝通和自律較好 5.溝通和自律好	座談觀察
激勵和獎懲	1.未進行必要的激勵和獎懲活動 2.激勵和獎懲活動偶爾進行 3.激勵和獎懲活動已進行，但效果一般 4.激勵和獎懲活動已進行，效果較好 5.激勵和獎懲活動已進行，效果好	座談抽查案例觀察效果

4.整理和整頓效果檢查表

表 6-4

檢查內容	檢查標準	檢查方法
生產現場	1.產品堆放雜亂、設備、工具零亂、尚未標識 2.僅有部分產品、設備、工具標識，現場仍很亂，有較多不用物品 3.產品、設備、工具已標識、產品堆放、設備和工具放置基本整齊，尚有少量不用物品在現場 4.產品已標識、產品堆放、設備和工具放置較整齊，基本無不用物品在現場 5.符合要求	現場觀察 抽　　查

5.清掃、清潔效果檢查表

表 6-5

檢查內容	檢查標準	檢查方法
設備工具	1.髒亂 2.較髒亂 3.基本整潔 4.較整潔 5.整潔	觀察現場
工廠內各通道	1.垃圾多、無人管 2.有人管、但不整潔 3.基本整潔，有少量髒物 4.比較整潔 5.整潔、無髒物	現場觀察等
作　業　台	1.物品、文件、工具、臺面髒亂 2.物品、文件、工具、臺面比較髒亂 3.基本整潔 4.比較整潔 5.整潔	觀察現場

天花板、窗、牆面	1.長久失修、也未打掃、清潔 2.修理不及時、不常打掃、清潔 3.基本整潔 4.比較乾淨 5.乾淨、明亮	觀察現場
洗　手　間	1.嚴重失修、髒亂、臭味熏天 2.失修、較髒亂、有臭味 3.基本乾淨 4.比較乾淨 5.乾淨、明亮無異味	觀察現場
倉　　庫	1.垃圾長久未清髒亂 2.較髒亂 3.基本乾淨 4.比較乾淨 5.乾淨、整潔	觀察現場

6.修養效果檢查表

表 6-6

檢查內容	檢查標準	檢查方法
觀　　念	1.員工對「5S」無認識 2.認識膚淺 3.有基本認識 4.認識較好 5.觀念正確，行動積極	交談考察
行為規範	1.舉止粗魯，語言不美，不講禮貌 2.部分員工不講衛生，不講禮貌 3.個人表現較好，團隊精神較差 4.個人表現、團隊精神較好 5.團隊精神好，個人表現好	觀察抽查座談

續表

日常「5S」活動	1.無日常「5S」活動 2.偶爾活動 3.基本按計劃活動 4.按計劃活動，效果較好 5.按計劃活動，參與積極，效果好	查閱記錄 觀察座談
服　　裝	1.不按規定著裝、衣冠不 2.常不按規定著裝、亂戴標卡 3.基本按規定著裝、佩戴標卡 4.執行著裝、戴卡規定較好 5.堅持按規定著裝、戴卡	觀　　察
儀　　容	1.不修邊幅、又髒又亂 2.部分員工不修邊幅、髒亂，但無糾正 3.基本整潔、精神 4.比較注重儀容，觀念較好 5.重視儀容，觀念良好	觀　　察

評分規則：

請按照每一項檢查標準的序號作爲當項檢查內容的分值填入檢查結果之中，統計總得分。

(1)整理和整頓活動檢查　　　　得分：＿＿＿＿＿＿分

(2)清掃、清潔活動檢查　　　　得分：＿＿＿＿＿＿分

(3)保養活動檢查　　　　　　　得分：＿＿＿＿＿＿分

(4)整理和整頓效果檢查　　　　得分：＿＿＿＿＿＿分

(5)清掃、清潔效果檢查　　　　得分：＿＿＿＿＿＿分

(6)修養效果檢查　　　　　　　得分：＿＿＿＿＿＿分

　　　　　　　　　　　　　　　總分：＿＿＿＿＿＿分

二、如何利用 5S 方法進行工廠環境治理

生產環境中如噪音、粉塵等各項不利因素時時刻刻會影響著員工的工作情緒和工作效率，因此，對環境的改善需要向著更加有利於員工健康、安全的方向發展。

通過 5S 活動，可以有效地降低生產工廠中的髒亂差局面，也可有效地減低噪音、避免員工因吸入粉塵等患上職業病的危險。

1.如何利用 5S 方法進行工廠環境治理

通過 5S 活動，能夠使得工廠的環境舒適、寬敞、流程明確，不容易發生意外事故。而且能夠督促作業者遵守作業標準，不會發生工作傷害。5S 強調危險的預知訓練，使每個人都有預知危險的能力，從而來保障安全。

2.5S——整理、整頓、清掃、清潔、素養

⑴整理

一說到「整理」，往往讓人誤認為把散亂的東西重新排列整理就可以了，其實這並不算是整理，「整理」的實際內容應該做到下面三個要點：

①將需要和不需要的東西分類；

②丟棄或處理不需要的東西；

③管理需要的東西。

經常有這樣的心理，「留下吧，以後或許有用」、「這些可以留下，等下批訂單再用」、「多買一些，急用時就不用老是等採購去買了」等，這些心態往往造成「空間」和「成本」的浪費。

清理掉「不要」的東西，可使員工不必每天因為清理和尋找

不必要的東西而形成的浪費。

管理「要」的東西是依據「時間性」來決定的：

要用的：①一個月內使用的；②每週要用的；③每天要用的。

不經常使用的：①一個月後用的；②半年才用一次的；③一年才用一次的。

通過這樣的「整理」後，你會發現，可以使用的空間遠遠比我們想像的要大很多。所以說整理是 5S 的基礎，也是講究效率、保安全的第一步。

⑵整頓

整頓就是將物品歸類後定位，要求要能在 30 秒內找到要找的東西，將尋找必需品的時間減少為零：

①需要的物品能迅速取出。

②需要的物品能立即使用。

③需要的物品處於節約的狀態。

⑶清掃

清掃就是將生產區域或崗位作業區域保持在無垃圾、無灰塵、乾淨整潔的狀態，清掃的對象：

①地板、天花板、牆壁、工具架、櫥櫃等。

②機器、工具、測量用具等。

⑷清潔

清潔即使日常活動及檢查工作成為制度，要求將整理、整頓、清掃三項內容進行到底，並且使各項生產管理工作公開透明。

⑸修養

修養即指對要求所有現場管理者和工作人員，將上述 4 個步驟標準化，使活動維持和推行。凡是已經規定了的事，每個員工

都要認真地遵守執行，並形成好的工作習慣。

①要求嚴守標準，強調的員工之間的團隊精神。

②在工作中養成良好的 5S 管理的習慣。

3. 如何推進 5S

企業對 5S 的推動通常有點式和麵式兩種方法，建議在班組內採用點式推進法進行，可以對生產環境中的不符合項進行即時的改善與整頓。由於設備是噪音、塵埃的發生源，因此以設備的清掃為例，對 5S 活動在工廠的推進進行說明，如表 6-7 所示。

4. 在工作中推進的要點

以設備的清掃為例，設備的清掃是要看清設備的內部，對設備的各個組成部位的重點清掃，要在事前對員工做好相關的技能培訓，否則無法有效地推動完美的清掃。

5. 設備清掃的重點

(1)徹底去除污垢，包括設備的各個角落。

(2)留意平時很少注意的位置，像配電箱、機器側蓋等，都要打開察看。

(3)對於清掃後又馬上髒掉的部位，要仔細觀察並尋找髒汙的發生源，想出清掃的解決對策。

(4)清掃工作要全員動手參與其中，除非當考慮到安全方面的因素時，否則決不委託外界處理。

6. 設備清掃後檢查的要點

(1)設備污垢是否很容易清除？

(2)檢查是否容易進行？

(3)設備給油是否容易？

(4)當設備處於正常運轉時，是否已清楚標示各種計量器的標

準值？

(5)當機器運轉時，有無噪音、發熱、振動等異常狀況？

表 6-7　5S 活動點式與面試推動比較

項目＼做法	點　式	面　試
方式	攝影法、做成 PPT/列印出來給員工看	評分法、改善法
適用企業	小型企業、小型團體	大、中、小型企業
適用組織形態	班組人員比例懸殊有些班組如人數過少，也可與其他組合併	各部門人數均勻單部門人數較多者
執行難易度	簡單易行	繁多、瑣碎
推動期間	短（隨時可導入）	長（選擇合適的時機方可導入）
發起人	主　管	5S 委員會/小組
執行人	主管及班組成員	企業全體成員
公佈方式	照　片	評　分　表
比較方式	照片前後比較	檢查監督、溝通協調
推動步驟	1.計　劃 2.訓　練 3.整　理 4.提出整頓方案 5.方案實施 6.對不足之處攝影 7.公　佈 8.改善、對策 9.獎　懲	1.計　劃 2.組　織 3.培訓宣導 4.整　理 5.整頓試行辦法 6.正式實施 7.討論—修正 8.考　評 9.上級檢查、評價 10.活動回顧、對策與獎懲 11.改善方案進一步推動

7.設備清掃過程中的注意事項

(1)主管要親自參與全員共同討論清掃計劃，並親自參與清掃工作以鼓舞全體員工士氣。

(2)在清掃工作實施之前應對各個成員所負責的設備區域進行整體分配，並準備必要的工具。

(3)設備、工作臺都應徹底清掃乾淨，並將特別髒、特別難以清掃的地方記下來。

(4)一定要在清掃過程中把握任何異常點，對於設備不正常的振動、異音、發熱、磨損、鬆動、漏油、偏心變形等現象均留意並記錄，並作出標識分別由班組內部、維修部或設備供應商來解決。

(5)基於員工安全的考慮，專責單位或設備廠商負責及作業員負責清掃區域，應有明確規劃。

(6)留意後述事項，如灰塵、飛屑、漏氣、漏水、螺帽鬆脫、管線配置、油污、點檢所、給油處所等。

8.養成對於機器微缺的預知和判定

當我們開始清掃設備時，可能會發現一些垃圾、漏油、漏水、碎片屑等等，有的可以使我們立即判定可能引起的故障或不良的原因，有的則無法找出其內在的關聯性，此時應再次開動機器，並用以下步驟實施設備清掃：

眼看：是否有偏擺、搖晃的情況。

鼻聞：是否有怪味道。

耳聽：是否有怪聲音。

手摸：設備是否有異常的發熱狀況或異常振動現象等。

可憑著自己的身體感官，實際去體會故障所在，慢慢地來瞭

解設備，久而久之，隨著我們對於設備的關心程度增加，便能發現更多的問題，從而保障設備的良好運轉。

通過運用 5S 等管理方式，經過多方努力改善，相信能夠為我們營造一個安全、和諧的工作環境。

2 設備安全都在目視管理內

目視管理可以讓我們在作業時即根據作業的標準化要求進行異常檢出原因追究、改善活動等，比如說信號與呼出燈、標準作業票、產品放置區顯示看板等，借此達到讓監督者及作業人員自動發現錯誤的地方，進而進行矯正。預防管理是未來管理的必然趨勢，為使預防管理能在生產現場中徹底實施，必須最大程度地實施現場的目視管理，形成用眼睛看就馬上能發現異常並能迅速擬定對策的現場。

1.目視管理的原則

運用目視管理在生產安全管理的過程中，就是要找出不合理、不均一、不節省的三不現象。而且，不安全的現象也往往伴隨著這些不合理、不均一、不節省的現象而出現。因而，在生產現場管理中一定要對此引起重視。

當我們在生產過程中發現這三種現象時，就應該對其採取措施，具體流程如下：

圖 6-1

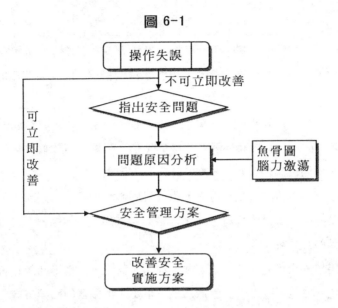

2.目視管理的工具

⑴色彩

　　目視管理中很好地利用顏色來刺激人的視覺，來達到警示操作人員及判斷是否行動的標準，以起到危險預知的作用。在生產管理的事故中，大部分是由於人為的疏忽，如何預防這種疏忽，利用色彩就是一種很必要的手段。

　　凡是在不安全的地方均可以根據以上的顏色要求進行標示，以提醒作業人員在生產現場中小心操作。

　　關於安全的標示色彩，也不是大量使用就是好事，所以在色彩運用的過程中要避免用多用濫。最主要的原則就是要易於查看，又能正確表達色彩的含義，並且選定標示的場所、瞭解週圍的狀態、注意照明條件、改善遮蔽等，才可以讓色彩的作用發揮出來。

表 6-8

藍　色	顯示「勿動」的基本色，用於除責任人外，不許他人隨便操作的部位。使用在有關標示修理或停機部位的標誌，以及開關箱的外面。為了襯托藍色，通常以白色爲底色。
紫紅色	紫紅色多於黃色組合，顯示「放射性」的基本色，最爲放射性的警示、標誌，用於有放射能危險的部位。諸如使用放射性同位素、放射性同位素裝備機器，或放射線發生裝置、風管、工廠、辦公室內。
白　色	顯示「通路、整頓」的基本色，用於通路的標示、方向指示、有必要整頓、清潔的場所。諸如通路的區域線、方向線、方向標誌、廢品的容器等。
黑　色	用於安全標誌等文字、記號、箭頭記號之外，爲了凸顯紅黃色、黃色、白色，通常以黑色爲底色。諸如回轉機器的回轉方向、流體的流向等方向標誌的箭頭記號、注意標誌的條紋、危險標誌的文字等方面。

⑵安全標誌

安全標誌可以分爲下列 9 類。

表 6-9　安全標誌

標誌種類	標誌圖示	設置場所
注 意 類	▼ 注意、施工、運轉中等	樓梯、道路的危險場所、平交道、拐彎、工廠入口
禁 止 類	⬛ 禁止通行、禁止入內、禁止運轉等	有危險的場所，如配電盤室、壓縮機房等
危 險 類	◆ 送電中、高壓電等	變電所高壓通電場所等危險放置場所

救 護 類	✚ 口防毒面罩、擔架、急救箱等	救護室、醫務室、急救室箱等安全衛生保護用具存放場所
勿 動 類	● 故障、請勿開動、要修理等	修理中的機械、升降機控制器、卸貨中的貨車
防 火 類	■ 嚴禁煙火、禁煙、禁止灌水等	易燃品儲藏點、炭化物倉庫、車庫、消防器材放置地
方 向 類	滅火器 ← ↑ 滅火器、消防栓、緊急出入口等	(標誌方向)
指 導 類	✚ ✚ 安全第一	在適當的場所，以要求重點提高安全衛生意識
放射性類	◉ 放射能禁止入內等	放射性物質、處理室門戶、污染器具、以及通往實驗室的走廊等

⑶**紅牌**

①紅牌的作用：

a.對於不安全的因素給予提醒，如在設定的期限內仍然未改正即可發給紅牌。安全因素與不安全因素一目了然，提高每個員工對安全問題進行整改的自覺性；紅牌上有實施對策和改善期限，要求一目了然。

b.引起責任人注意，及時清楚不安全因素存在的位置。

②紅牌的實施步驟：

a.紅牌方案出臺。

首先要向全體人員說明，掛紅牌時，理由一定要充分，事實

一定要確鑿，並區分嚴重程度。

掛紅牌頻率不宜太多，一般一個月一次，最多一週一次。

確定成員、檢查時間、工作的重點內容等。

b.決定掛紅牌的對象。

違章操作現象、不按要求穿戴勞保用品、不按要求進行設備、工具的點檢工作、未及清理現場等，視情節嚴重程度發放紅牌。

c.明確判定標準。

掛紅牌的對象是針對具體行為，不要打擊士氣或引起衝突。

必須讓所有成員都明確什麼是正確操作行為，什麼是不安全的行為。

d.紅牌的發行(使用醒目的紅色紙)。

使用醒目的紅色紙，記明發現區的問題、內容、理由。

e.掛紅牌。

當事人簽字確認後即可掛上。

f.紅牌的對策及評價。

要求當事人及其班組想出相應的對策防止下次再發生類似事故，以避免再次發生類似現象。

如：維修人員劉二和週三在對各個管理的檢修期間，在廠房內外的工作場所被作業人員預留的井、坑、孔、洞或溝道上不加蓋板，不貼提示標識極易引發意外事故。而他們二人卻對自己所造成的危險視而不見，習以為常。因此，可以給二人開出一張紅牌。

表 6-10　紅牌警告

時　　間	地　　點	人	整改時間
紅牌原因		對　　策	
檢修期間不加蓋板，不帖標識，造成很大安全隱患。		·每次作業後應及時蓋好井蓋。 ·作業時要用警戒線圍起來並貼標示。	
檢查人：李立		當事人：陳小平、李子強	

⑷作業管理類

例如，對於壓力容器等特種設備的管理：

特種設備的安全事故造成了人們生命和財產的巨大損失。特種設備的安全隱患潛伏在生產、生活當中。當前，不少企業缺乏安全意識，投入不足、設備簡陋、管理水準低下。一些企業特種設備操作人員素質參差不齊，違章作業、違反紀律的現象時有發生。同時，隨著經濟和社會的快速發展，特種設備數量劇增，應用領域越來越廣泛，不僅在工農業生產中發揮著重要作用，而且迅速進入社會生活的各個角落，這也為特種設備安全監察工作增添了難度。

①制定並落實安全生產責任制

特種設備的安全管理涉及到兩個管理的領域，即它既是企業設備管理的內容，又是安全生產管理的重要內容。因此在企業中建立安全生產責任制、落實安全管理人員，這是特種設備安全運行的前提。

在工作安排中，應選擇具有特種設備基礎技術知識、懂得管理業務、責任心強的人員，從事具體的特種設備安全使用管理工作。同時，在企業內部建立崗位責任制度、交接班制度、安全運

行和操作規程、維護保養制度、考核與培訓制度、特種設備技術檔案制度等，這是管理好特種設備的重要條件，以此來降低設備事故發生的重要舉措。

購置要求：具有齊全的安全防護裝置及產品合格證和品質證明書。

建立特種設備檔案：特種設備技術檔案作為特種設備使用管理的重要基礎，主要包括：出廠技術文件、品質證明書、相關圖紙、技術參數、安裝使用說明書；製造單位、啟用時間；定期檢驗、檢測記錄；日常使用狀況、維修保養記錄等。因此需要對每台特種設備分別建立一個檔案夾，以保留該設備使用全程的完整資訊。

在明顯的位置設置標識銘牌，如：特種設備名稱、型號；重要技術參數；製造廠名、出廠日期；其他所需的參數。

②**對特種設備進行定期檢驗制度**

按照《特種設備安全監察條例》的規定，特種設備使用單位應當通過相關檢查部門定期進行的強制性檢驗。

制定定期檢驗計劃，確保特種設備檢驗工作按時實施。

選擇有資質的檢測機構，並主動與檢驗單位落實具體檢驗時間和檢驗有關的工作事項，儘量做到按計劃的檢驗時間停車檢驗。

特種設備檢驗後，針對其技術狀況和檢驗單位出具的檢驗報告，及時採取技術處理措施。對技術性能合乎使用要求的，及時做好相關記錄和資料的歸檔工作；對發現有安全隱患的，及時採取有效措施進行整改。整改自檢合格後，再次提請檢驗單位進行複檢，絲毫不留隱患，確保設備性能安全可靠。

通過定期安全檢驗，可以及時發現和消除安全隱患，防止事

故的發生，同時也可延長設備的使用壽命。具體有以下做法。

③必須持證上崗

特種設備在投入使用前，使用單位應主動到當地特種設備安全監察部門辦理使用登記手續，取得合格證後方可使用。

特種設備的作業人員和相關安全管理人員，按照國家有關規定，經安全監察部門考試合格後，取得特種設備作業人員資格證書，方可從事相應的作業或安全管理或操作的工作。對特種設備作業人員和管理人員，必須經過特種設備安監機構組織的培訓和考核，使其掌握基本理論、特種設備安全操作知識和達到「四懂四會」（即懂特種設備結構、性能、用途、工作原理；會使用、會保養、會檢查、會排除故障）。作業人員應嚴格遵守安全操作規程，主動參與特種設備的使用管理工作，確保特種設備的正常使用和安全運行。

任何設備都有一定的使用範圍和特定的工作條件，只有在規定的範圍和條件下使用，才能保障特種設備的安全運行。使用時主要採取以下措施。

a. 使用前識別、確定使用條件是否符合設備的要求，嚴禁超負荷運轉。

b. 制定科學合理的操作規程，嚴格執行操作規程。

c. 選用齊全的安全保護裝置，確保保護動作靈敏可靠。

d. 作業人員持證上崗，嚴禁違章操作。

④精心維護與保養

特種設備也和其他設備一樣，需要經常進行維護保養，並且其精細化的要求更高。在使用過程中設備轉動部件磨損、電氣裝置失靈，必然會導致設備的技術性能不斷下降或者失效，還會出

現設備缺陷和安全隱患。如果工作人員不及時發現和處理，勢必造成設備事故。所以做好特種設備的保養維護工作，可以有效改善其技術狀況，延長其使用壽命，把事故消滅在萌芽狀態。

特種設備的維護保養可採取兩種方式：使用單位進行簡單的日常維護與保養；由具有專業維修資質的單位進行維修。根據特種設備的自身特點，確定維修保養重點，做到高標準嚴要求，促使每台設備都處於完好狀態。

3 員工要具有安全意識

一、生命第一，安全意識要超前

「安全無小事」，只有以這樣一種心態才能夠徹底解決生產安全中的問題，而不是將生產安全的管理流於形式。只要我們能夠把這種高度負責、對問題刨根問底的精神應用到日常安全工作中去，生產的安全形勢才會大爲改觀。可是，在平常的工作中主管常看到有人違章違規違令卻依然睜一隻眼、閉一隻眼，認爲這不算什麼大事，多一事不如少一事，能省就省了；有的人不願唱「黑臉」，對於員工的某些違規情況只是不痛不癢地說上兩句；有的人礙於情面，以下不爲例來一個不了了之……其實，這些行爲都給生產安全管理工作埋下了隱患，而很多人卻不自知。

「生命第一，安全要以預防爲主。」在生產工作中要居安思

危，在日常工作和生活中，不能習慣於「不出事故不知道，出了事故嚇一跳；不出事故不關心，出了事故才去找原因」。而是應該要對事故進行預防，只需要每一位管理者和員工負起屬於自己的責任，將安全的隱患扼殺在搖籃裏。要有超前的意識，即對於安全問題，要防在前、想在前、做在前。

總之，在生產現場安全管理過程中，必須要樹立超前意識，只有樹立安全管理的超前意識，才能把各種事故隱患消除在萌芽狀態，才能保證安全生產。

二、針對心理，避免事故發生

人的能力和情感是不穩定的，它會隨著環境、時間、條件、事件的變化而變化。有的員工會在長期加班工作之後覺得疲憊不堪，視覺靈敏度降低，身體的各個器官的機能下降，有的員工會在持續地處於較高工作壓力之下頻頻犯錯，有的員工會在長時間的噪音條件下聽覺下降。這些不正常、不健康的心理狀態可能直接或者間接地導致事故或者意外的出現。因此，對於這些情況我們一定要注意。我們認爲對於安全工作的任何輕視、麻痺、僥倖或者情緒的心理都是不正確、不能忽視的。

1.輕視心理

在有些員工心裏，對於安全和生產、人身安全和週圍環境之間的關係沒有清晰的概念，他們沒有在心裏擺正位置。這樣的心態到事故出現時，才覺得後悔莫及，而這時要想辦法去彌補則要付出重大的代價。

也有的現場主管在工作失誤出現安全隱患時，爲了不讓自己

的工作不力被上司發現，經常採用欺瞞的手法，大事化小，小事化了，極力在自己內部擺平。如果能夠擺平還好，可是在現實中更多的是有的主管明明沒有辦法擺平這些事情，只是盡力設法捂住，直到大的事故發生時，才發現其實這些事故是由現場安全管理過程中若干的小問題累積而成，最終釀成大錯。再出現這種苗頭時，一定要採取三個不放過的原則：事故原因分析不清不放過、本人和群眾受不到教育不放過、沒有制定出防範措施不放過。因而，一旦在工作中發現有這樣的苗頭，一定要堅決制止。

2.麻痹心理

很多員工覺得上班時天天戴安全帽是一個很麻煩的事情，就算有一天不戴也沒有太大的關係；有的員工覺得這些工作我已經做了幾年甚至是幾十年了，從來沒有出過問題，這次就算是不穿防護用品也不會出事的；有的員工覺得公司天天強調安全是小題大做，完全不理會公司的規定，偷偷跑到生產部的洗手間抽煙，也不會對生產工廠裏的易燃易爆品有什麼影響。在很多情況下，他們由於平日有一些為了圖省事的工作方式，一直沒有出事故，因而心裏覺得公司的制度、安全守則不過是危言聳聽或是感覺麻煩，於是就放鬆警惕。而這種方式很容易被他人學習或模仿，繼而在一個小團體裏面逐漸形成自行簡化的工作習慣。

在大多數情況下，這樣的習慣性作業簡便易行，看上去好像也沒有出事故，從而讓有的人覺得「安全管理也不過如此」，並讓這種思想慢慢成形。其實這種麻痹心理正是安全生產的大敵，其危害性在於有了麻痹心理就會逐漸喪失自我安全保護意識，就暴露出「無知」、「糊塗」的特點。而現實生活中，絕大部分安全事故的發生就是麻痹思想造成的。

3. 僥倖心理

　　有的人往往喜歡耍小聰明，明知不該去做的事，也要去做。還會不自覺地走捷徑，或者自己欺騙自己「下不爲例」而屢屢再犯、「憑經驗辦事」這些行爲可能有時會讓我們在工作中更快捷，但也會讓我們在此犯下大錯。所以說心存僥倖的心理就是生產安全事故的毒苗。

4. 情緒心理

　　員工的工作情緒是影響工作行爲的重要因素之一，在工作中不良的情緒狀態是引發事故的基本原因。情緒變化的起因有很多種：如經濟壓力、家庭暴力、離婚、家庭成員患重病或死亡、子女問題、家庭不和睦、擔心日常開支、本人身體健康問題、員工之間的人際關係問題等。

　　主管們在工作中一定要注意這四種心理，並需要有較真的精神，對有以上幾種心理的員工進行鍥而不捨的監督和指引、開導，從而有效避免因以上的「四種心理」而引發的人爲的安全事故發生！

心得欄

----

4 如何節減機器修理費用

　　機器設備為工廠生產之要件，其購置為設廠時及營運後之主要資金去路，其折舊及維護修理費用亦形成當期主要成本之一。由於工業發展，機器設備日趨精密及自動化，不但價格愈益昂貴導致折舊成本升高，且其維護修理費用亦因零配件價昂而高漲，因此遂使製造成本負擔日益加重。由於機器停頓將導致生產中止，造成重大損失，故若機器發生故障，公司上下常不計成本加以搶修，其所費常被視為理所當然。

　　事實上，各項費用之發生及多寡，並無「理所當然」之事。如能設立良好制度加以管理，對於費用之節省或減少，並非難事。

一、建立機器維護修理組織

　　機器維護及修理，首要之務，乃是分級建立組織，並配備以適當修護機具。此項組織，如公司規模較小，可配屬其他部門，例如生產部或工程部等；如公司規模較大，可單獨成立一機器部。

　　修護組之主要任務，乃是在生產線上從事機器保養維護、指導及監督機器之正當使用，製造新產品時之改機及調機，以及機器損壞時之修理等工作。通常為每條生產線配備一位或數位修護技術員，或數線配備一員。由於各生產線機器及生產情況各異，

忙碌程度因時不同，為求提高工作效率，減少間接員工人數，應授權該組組長對技術員加以靈活調度，隨時機動支援較為忙碌之生產線。其要點如下：

1.技術員之選用，應慎選具有機械尤其鉗工基礎之人員。僱用後，尚應施以在職訓練，使其兼長數條生產線。

2.當修護組長欲自某線調動技術員支援他線時，常易遭致該生產線主任之抗議，故授予修護組長靈活調度權利一節，十分重要。若生產線主任及修護組長發生爭執，應由上級經理仲裁之。

3.各公司應基於工作情況，發給每一技術員標準配備工具，例如各種扳手、卡尺及電表等，由其自行負責保管使用，並設卡管制。如有遺失，應負責賠償；如有損壞，應以舊換新。

二、訂定維護制度

機器維護及保養，人人均知其重要性，但如推動不得其法，亦無濟於事。故除有完善之組織外，尚需訂立週全之維護制度，徹底實行，方能事半功倍。

1.訂立修護手冊

對於各項機器，應參照原廠目錄、操作說明書及修護經驗等，訂立修護手冊，以便遵循。如技術員調職或離職，接任者亦得於最短期間內進入情況，不致影響生產。修護手冊中，應詳列每一機器構造圖、檢查基準、潤滑部位圖、應加之潤滑油種類及其潤滑週期、以及易於損壞部位之修理程序等。訂立修護手冊，頗為耗神費時，但確為修護工作之最基本文件，亟應要求機器部門逐漸訂立，並按實際經驗加以修訂。各工廠常有苦於「老師傅」不

易駕馭情事,如能訂立修護手冊,「老師傅」當較易於管理。惟「老師傅」亦或知此項手冊將減低其本身價值,故於推動實行時,公司管理當局尚須示之以決心及毅力。

2.設立檢查及維護制度

機器維護之成功,有賴於有效而適時之檢查。對於檢查,應設計檢查及維護表格,針對每一機器情況,列明檢查及維護之項目、方法、基準及週期。於檢查維護後,填表送請修護主管查核。檢查維護方法可分為以下幾種:

(1)每日檢查維護

何種機器那一部份應每日檢查維護,應明確規定,交由機器操作人員執行。其重點在早期發現不正常雜音、震動及作業情況,並特別注意潤滑及清潔。據經驗顯示,機器故障原因由潤滑不當所致者,約佔 30%。日常檢查及維護,由修護技術員監督之。對於重要機器,尚須設計「檢查維護日報表」,由機器操作人員填報。

(2)定期檢查及維護

定期檢查須訂定計劃日程表,由修護技術員執行之。如發現機器有缺點,即予修護。執行後應將檢查修護情況,填寫於「機器維護修理記錄卡」及「定期檢查修護記錄表」上。此項記錄卡應懸掛於機器旁,卡上應簡要註明該設備之規範及附件等原始資料、使用之經歷、各項定期檢查之時間及結果、以及各種故障停機修理與換件之記錄。定期檢修表則應根據各該表所列項目、基準及方法等,詳述情形後送修護主管查核。

(3)定期測定修護效果

修護主管應會同技術員定期檢查「機器維護修理記錄卡」,測定各機器之故障停機時間、修護費用及機器效率,並據以尋求應

改善之重點與方向，擬定改善程序與日程，逐一付諸實施。

3.機器配件及零件管理

機器零配件應模仿原料存貨管理方法，設立存貨管制制度，例如建立收發表格及存貨卡，訂立安全存量，以及定期存貨盤點等。所不同者，工具及零配件均非滑耗品，應按「以舊換新」原則辦理。對於常用配件，例如各種規格之齒輪及凸輪等，亦可在生產線設計保管箱，指定人員兼管，發出收回均以簿本登記，如有遺失，由保管人員負責賠償。

三、檢討維護修理費用

檢討維護修理費用之先決條件，為建立表單制度，使每一生產線甚至每一機器之費用，均有明確記錄，以便檢討有否不當情事。由於記錄明確，各生產線主任及技術員為恐遭受檢討，無不小心翼翼，並以各種方法極力減少費用(例如翻修舊品)，最後習慣成自然，節儉成性。管理之原則，乃是以各種方法，激勵員工自動自發精神。但因人性使然，尚須輔以各種制度規範，不以規矩不成方圓，迫其逐漸轉成自動自發。茲述此項表單制度如下：

1.工作單

工作單乃是生產線或其他部門申請機器零配件之申請單。為簡化計，亦可兼作請購單。工作單使用之要點如下：

(1)工作單由生產線主任及技術員共簽，並經生產部經理核准。

(2)工作單應列明所需零件、配件或工具之規格，使用於何線何機。如有需要，尚需附簡圖或親向工具室說明。

(3)零配件工具由機房自製或外購之成本，應註明於工作單

上，一聯附發票等送會計入賬付款，一聯送生產線主任參考。會計部入賬時，應按生產線別設立明細分類賬記錄之。

2.零配件或工具領用記錄卡

對於工具應按人名設立「工具記錄卡」。卡上對於領用收回及損壞繳回銷賬再申請等，均須逐項記錄簽署。由於再申請時均有工作單，機械部門主管對於不當之申請，例如申請次數過於頻繁，或申請數量過多等，均應加以檢討料正。此外，機械主管亦應全面檢查領用記錄卡，以及機器維護修理記錄卡，並與生產線主管及技術員共同檢討。

3.維護修理費用月報表

會計部每月應按生產線及部門別，編列各月各單位維護修理費用比較表，分送各線各部及總經理（或副經理）參考。總經理應指定會計部經理為總督導，會同機器部主管，根據該月報表，與各線各部主管加以檢討。檢討後，總督導應將檢討情況及應改進要點，彙總加以報告。

心得欄

第 七 章

如何鼓勵員工士氣

1 如何確保加班管制

　　加班乃是員工爲及時完成工作，於正常工作時間外，適時工作。自公司方面言，乃是基於業務需要，要求員工加班；自員工方面言，乃是基於與公司共存共榮的體認，爲配合公司的需要，並以職責所在，因「敬業」而加班。因此，公司管理當局及員工雙方，對於加班應具有下列觀念：

　　加班管制，應依分層負責精神爲之。加班得當與否，除加班員工自負其責外，其主管亦負監督檢討之責。其最終目的，乃是使公司業務於最恰當安排及最高效率下，於正常上班時間內全部及時完成，而使加班情況減至最低或消失。加班管制，可按下列三項步驟實施：

1. 加班申請

員工加班，無論因員工本身職責所致，或經主管要求，於加班前，均應填寫「加班申請單」，述明加班原因及所欲加班時間，經直屬主管覆核部門經理核准後，

送人事部門備查。直屬主管及經理在簽署加班申請單時，應切實檢討加班是否有需要（可否次日或延後完成），是否因加班員工工作安排不當或工作不力或效率不佳導致加班及如何改正之法等等。部份主管有時竟故意給予員工加班機會，變相為屬下增加收入，以便討好屬下。此項放水行為，應設法禁絕。

2. 加班報告

加班須有成果。員工加班完成，應於次日填具「加班報告單」，述明實際加班時間，分條詳述加班工作具體內容及工作績效，送請直屬主管及部門經理加以檢討評核，然後送人事部門加以登記，作為發放加班費等之依據。加班報告單填寫要點如下：

(1)「加班工作」欄內容，必須具體。例如列出產品號碼數量，所修機器名稱及解決該機器何種問題，為何種新產品改機器等等。切不可以「配合生產線」、「生產」或「督導加班」等籠統內容一以蓋之。如加班工作項目在兩項以上時，應逐項具體說明之。

(2)「工作績效」欄，係由加班人自我說明加班之成績，或加班工作完成之程度。其概括性規定如下：

①作業員應填明生產產品型號站別及完成數量。

②生產線主任或領班，須述明加班生產產品之約略數量或送品管檢驗之數量，以及加班之作業員人數。如係加班趕某種產品，應列明產品型號及數量。

③品管檢驗人員須述明加班期間檢驗之產品型號及數量。

④技術員須註明改機或修機器之種類、數量及結果，如未完成時則須說明問題之所在。

⑤一般職員須說明加班工作之項目，完成的程度或成績或數量。

(3)「實際時間」欄，係由加班人分別列出各項工作之實際工作時間。

(4)「主管評核」欄由直屬主管就加班工作之每一項目加以評核其績效，或並加註改正減少加班之法。

前列各項要點，於制度實施時，應明白規定公佈全體員工週知。又關於作業員部份，由於每有加班，人數必多，故「加班申請單」可另簡化設計使每個生產線填一單即可。「加班報告單」因只需填產品型號站別數量，與正常工作同，故用日常所用效率表格代之即可。

3.追蹤檢討

公司應指定人事部門經理或財務長為「加班總督導」，對於各部門加班情況作追蹤檢討，並向總經理（或副總經理）作彙總報告：

(1)人事部門應按月編列部門別（如有需要可再仔細分）各月加班時數統計比較表，送各部門及總督導檢討。

(2)總督導審閱該統計比較表後，應深入查核當月各部門「加班報告單」。對於有懷疑者，以及加班時數較多部門，均應與各該部門經理追蹤檢討改正，並會同研究如何減少加班之法。

2 如何鼓舞萎靡不振的員工

主管可在工作中通過兩個途徑來鼓舞那些萎靡不振的員工的工作興趣：一是讓員工對工作有興趣，一是讓員工明白工作的重要性，讓他積極地投入到工作中來，慢慢激發他的興趣。

一、用魚骨圖分析員工為何士氣低落

作為主管應該瞭解工人到底是因為什麼而士氣低落，在這裏介紹一個比較有效的方法來進行員工士氣低落的原因盤點的工具，這就是魚骨圖。

魚骨圖由日本管理大師石川馨先生所發展出來的，故又名石川圖。魚骨圖是一種發現問題「根本原因」的方法，它也可以稱之為「因果圖」。由於問題的特性總是受到眾多因素的影響，我們通過找出這些因素，並將它們按其內在的相互關聯性整理而成的層次分明、條理清楚，並標出重要因素的圖形就叫特性因素圖。因其形狀如魚骨，所以又叫魚骨圖(以下稱魚骨圖)，它是一種透過現象看本質的分析方法。正因為如此，魚骨圖的應用範圍也極為廣泛。

1.魚骨圖的繪圖過程

(1)填寫魚頭(員工士氣低落)，畫出主骨

(2)畫出大骨，填寫大要因(士氣低落的原因主要有那些方面)

(3)畫出中骨、小骨，填寫中小要因(涉及到各個方面的原因分別有那些因素)

(4)用特殊符號標識重要因素

繪製要點：繪圖時，要儘量保證大骨主骨成 60 度夾角，中骨與主骨平行

2.魚骨圖使用步驟

(1)查找要解決的問題；

(2)把問題寫在魚骨的頭上；

(3)召集同事共同討論問題出現的可能原因，盡可能多地找出問題；

(4)把相同的問題分組，在魚骨上標出；

(5)根據不同問題徵求大家的意見，總結出正確的原因；

(6)拿出任何一個問題，研究為什麼會產生這樣的問題？

(7)針對問題的答案再問為什麼？這樣至少深入五個層次(連續問五個問題)；

(8)當深入到第五個層次後，認為無法繼續進行時，列出這些問題的原因，而後列出至少20個解決方法。

(9)根據問題的緊急程度分(4非常緊急3緊急2急1可以暫緩)來先後解決這些問題。

以工廠工人士氣低落為例，用魚骨圖對其進行分析，其原因如下：

圖 7-1

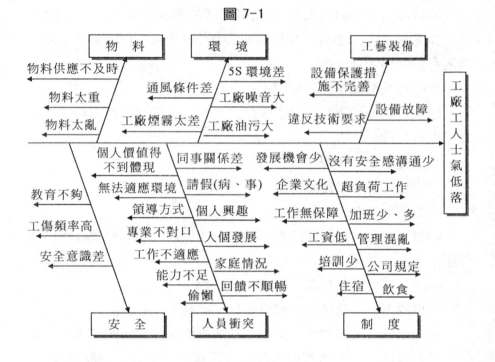

二、士氣低落的原因分析

表 7-1　工廠工人士氣低落的原因分析

員工士氣低落原因分析			
序號	士氣低落 的 原 因	典型情景描述	亟待解決 緊迫重要 程度（4級）
制度	住宿條件差	住宿條件差，現 12 人/間，而且三班倒，不同的班次影響較大，不能很好的休息。	4
	工 資 低	進廠半年不調薪，同崗位工資差別大。	1
	飲　食	來了一個月，經常吃蘿蔔白菜。	3

續表

分類	項目	說明	分值
制度	超負荷工作	一個月只休息兩天，每天工作延長 2 小時，減員不減工作量。	3
	公司規定	請假超過 30 天就要勸退。	2
	娛　樂　少	只有國慶由行政部組織的大型活動，部門內部組織的小型娛樂活動較少。	4
	管理混亂	人員流動性較大，沒有發揮出其組織管理能力，好欺負的幹活多，指揮不動的幹活少。	4
	發展機會少	在公司工作滿一年的員工，還沒有晉升或調薪。	3
	企業文化	工作效率較高，工作比較鬆散，而無法適應。	1
	培　訓　少	主要做的是工作相關及技能方面的培訓，很少有員工發展方面的培訓。	4
	工作無保障、無安全感	沒有辦理保險感覺老來沒有依靠，本地招聘員工大多不願意去外地工作。	3
人員	領導方式	在管理過程中不注重溝通方式，不在意員工想法，導致員工對公司的管理感到不滿。	4
	工作不適應	以前企業中午會有午休，週末休兩天，不需要經常加班，公司工程緊時，才會安排加班、加點。工作受飲食、天氣的影響較大。	2
	偷　　懶	有些崗位需要多人共同工作時，個別人經常不想工作就趁機休息、偷懶，經多次勸說無用。	4
	請假（病/事）	部門在產量較大時，有些員工提出請假卻得不到批准。	3
	個人職業生涯發展	初中或高中畢業，在工作一段時間後發覺自己的學歷不夠，考慮繼續學習。	1

續表

人員	家庭情況	家裏親人生病需要長期照顧；家裏有人承包食堂、包攬工程等，決定同家人一起工作。	1
	同事關係差	總覺得安排給自己的工作比其他人的多，對其他人員有意見，導致不能很好的處理同事關係。	2
	專業不對口、個人興趣	學電子專業的做倉管，想在本專業上有所發展，對倉管工作不感興趣。	3
	能力不足	面試時只能看到一部分，瞭解不到其他更多的資訊，在工作一段時間後感到其能力無法滿足到崗位要求。	2
	個人價值得不到體現	很努力的工作，希望主管能重視自己使自己的價值能夠體現，事實卻沒有實現而感到失望。	3
	溝通少，回饋不順暢	基層員工很少有機會與主管針對某些問題去溝通，只是主管說怎麼樣就怎麼樣，不給員工溝通的機會。	4
	工作單調沒有意思	對其他人員的工作感興趣，在沒有別人指導的情況下擅自操作，發生意外給公司帶來損失。	3
安全	工傷頻率高	去年 4 月到今年 4 月第×事業部共發生工傷 29 起，其中塗裝線就有 8 起。	4
	安全意識差	如上 29 起工傷中，進廠半年內員工發生工傷的有 21 起。	4
	教育不夠	只是在進廠的時候進行了安全方面的培訓，員工不理解安全的重要性，沒有重視起來。	4

環境	工廠油太大	衝壓工廠內滿地是油，鞋子、衣服、手套全部都沾滿了油，感覺整個人髒兮兮的。	4
	工廠煙霧太大	分廠內二氧化碳焊接區，空氣流通不暢，工廠到處充滿煙霧，非常嗆，員工反覆出現咽炎、鼻咽炎等症狀。	3
	工廠噪音太大	衝壓工廠噪音大，工作時間一長耳朵就產生耳鳴；員工說話要相互喊著，使員工嗓門變的特大。	3
	5S 差	料框、備件、器材等亂放。工作場所髒、亂。	2
	通　風　差	工廠裏空氣不流通，氣味差，感覺有壓抑感。	1
技術裝備	技術不合理	技術編排的不合理，有的工作量極大，有的又很輕鬆。	2
	勞保用品少	手套、口罩一、兩天就很髒但是又不給換，只有自己回去洗著用，人懶得時候就只能用髒的或是不帶。	4
	設備保護措施不完善	1.銑床無防鐵屑裝置，人員工作無安全感，易發生事故； 2.電器設備無超載保護功能，設備易損壞； 3.自動車刀架等劃移裝置無行程限位，人員操作需長時間集中注意力導致人員太累。	3
	設備舊、簡陋	設備使用時間較長，操作起來較笨重不靈活，需要費很大的力氣來操作。	2
物料	物料太重	鈑金物料較大時，一個人沒有辦法完成工作，安排人員少時，工作太累。	2
	物料供應不及時	生產線上物料供應不及時。導致停線、無法正常生產等情況。	3
	物料太亂	工廠物料擺放凌亂，供應物料時找不到相應物料的放置地，影響工作效率。	4

3 怎樣對待牢騷滿腹的員工

1.促使員工改變一味只發牢騷的想法

　　首先作為主管一定要從員工的牢騷中發現問題的根源，而不是員工對問題的描述方式。對於員工我們要肯定他們對工作的觀察與思考，因為從這些牢騷中我們會發現其實他們關注到了工作中的很多不合理現象，比如生產浪費現象、關注到了工作中的員工關係難以處理、關注到了工作中與其他部門之間不好溝通、關注到了班組加班安排的不公平、關注到了有人在鑽公司管理不善……而這些，正好是你以後可以在工作管理中加以改善的契機。

　　然後利用以上的牢騷影響士氣的面積公式告訴他們你不讚賞他們這種對於發現的問題的表述方式，因為滿腹牢騷無疑對工作有著極為不利的影響和危害：一是員工帶著情緒工作會影響他自己的工作效率，二是這樣還會影響其他同事的工作熱情和工作情緒，將給團隊士氣帶來不利的影響。指導他/她與其去指責別人的缺點，還不如去幫助改正那些缺點，這對雙方來說都是有利的。由此促使牢騷滿腹的員工改變原有的想法。

　　要求牢騷滿腹的員工改變發牢騷的方式，變成工作建議。如表 7-2 所示。

表 7-2

> 「牢騷」變「建議」改寫公式：
> 牢騷的公式＝我發現你在＿＿＿方面不對，你怎麼能夠這樣＿＿＿呢？
> 建議的公式＝我發現我們在＿＿＿方面做得不好，我們應該從＿＿＿
> 　　　　　　方面來進行改善。

2.矯枉過正，牢騷也變生產力

(1)積極促使牢騷滿腹的員工改變片面偏激的看法

你是否曾希望自己做事有條理、點子多、長於外交、擅於領導、精於分析、研究，個性外向但注意細節，又有綜觀問題的直覺？這種要求是太高了點。事實上，這些物質中，有部分是互相排斥的，而這正是團隊合作如此寶貴的原因。如果我們能整合眾人的特長，就不必要求團隊的每一位成員都那麼完美地擁有各種美好的品質或性格、能力或技巧。正是因為如此，主管應該指導牢騷滿腹的員工學會去看別人的長處。對其他人或者其他同事應該多進行溝通、全面地去看他們，在與人交往的過程中應該學會看到對方的優點和長處，而不是處處發現別人的不足。

(2)讓重新牢騷滿腹的認識應有狀態的根據

正是因為他們所認為的事物的應有狀態同現實之間有差距，所以才表現為不滿的。那麼，他們所描繪的「應有的狀態」的根據又是什麼呢？大師描繪過他理想的生活：理想的生活就是住在英格蘭的鄉間別墅，有著舒適的美國設施，僱個中國廚子，娶個日本太太，再有個法國情婦……可是這是絕大多數人都無法去實現的夢想而已。如果沒有根據僅僅是一個人的主觀想像，那就應該向他明確指出：如此「應有的狀態」，只不過是毫無採納價

值的幻想而已。

(3)鼓勵牢騷滿腹的員工尋求改進方案

對現狀抱有不滿的想法時，如果要改變這種看法，就應該去尋求改進現狀的關鍵所在。

如果僅僅是述說不滿和橫加指責，完全於現實改觀無補。因爲他已經好不容易才注意到了改進的要點所在，所以應該從他們那裏尋求改進方案，盡可能予以採用，給他們看到取得實際業績的成果。按照這樣的做法，就能將他們的不滿逐漸轉化爲對工作部門的改進和工作效率的促進，從而真正爲自己和企業創造價值。

3.今天你有沒有發牢騷

表 7-3　習慣養成提示表

日	一	二	三	四	五	六
	1	2	3	4	5	6
7	8	9	10	11	12	13
14	15	16	17	18	19	20
21	22	23	24	25	26	27
28	29	30	31			
執行時間：　年　月　日至　月　日						簽名：

4.習慣養成提示表使用方法

(1)使用此表的目的是爲了幫助您每月養成一個好習慣。

(2)表中每個方格左上角，請您自己填上當月相應的日期。

(3)此表每月一張，每個訓練項目一張，訓練項目一月更換一次。

(4)「訓練項目」是指你特別需要的某種觀念、心態、習慣等等。如：不對生活與工作發牢騷等。

⑸隨時或每天睡覺前，用「√」和「×」記錄一天的此訓練項目執行的結果。

「√」表示已做到，包括刻意做的與不經意做的。

「×」表示未做到，包括沒做好的與沒有做而事後意識到的。

⑹每一個「√」或「×」都會有一個故事，你最好另加注明，以便強化。

4　激發員工的參與意識

參與意識不是簡單地看一個人是否願意參與組織的活動。參與意識在指一個人希望做某事或者某項工作的強烈動機與願望。具有這種意識的員工體現爲一種工作和學習的強烈願望。

如何運用以培養員工參與意識爲基礎的領導方法對領導者來說都是一種常用的方法，每一種方法在增強意識與發展能力方面都有一個基本的定位。例如消除員工的焦慮心情，可幫助員工發展參與意識上。瞭解這個圖，有助於記住某種方法的定位，這樣你就指導運用這種方法的目的是什麼。當一種方法定位與增強員工的參與意識時，你的目標就是運用這種方法增強參與意識程度。也只有當員工真正感覺到自己已經參與到對自己和他人的管理中來時，他才能夠獲得工作的動力，真正將自己當成團隊的重要組成部分，從此他才算是自己主動踏上了激勵之路。

在實際工作中培養員工參與到 5S 管理活動中，要運用「說-

示範-指導」的方法，按照學員的理解水準調教：

1.確認部下的理解程度

在每次教員工時，不要以自己的標準去判斷員工對技能的掌握效果，而是應該根據員工的理解能力，如果只是按照自己的反應度去實施指導，部下往往顯得力不從心。對他們採取那種符合他們理解水準的指導，才是在工作中指導部下的最佳指導模式。

所以教育培訓的結果不是看你教的次數，而是看你教育培訓的目標是否達成，作為主管，我們大部分人都有帶新員工的經驗，在教的過程中，是否也在犯類似的錯誤呢？

2.設法改進了指導模式

有些主管抱怨說：「新來那兩個傢伙真笨，這個操作方法跟他說了多少遍也不明白。」但是，你聽聽他的指導模式，大多數是單純重覆同上一次完全一樣的做法。這顯然是指導者所付出的努力不夠。因為上一次的指導方法未能取得成果，所以我們如果不找出原因，不盡可能地設法加以改進，就去進行下一次的指導的話，那麼肯定不管進行多少次指導，都不會得到期待的成果。你是否設法改進了指導模式呢？

> 如果你說，你的學員會聽
>
> 如果你示範，你的學員會注意
>
> 如果你指導，學員會融入其中

3.鼓勵員工樹立學習工作技能的信心

因為你將與你的下屬一起努力讓他儘快地掌握某項或多項操作技能、安全防範的方法、在工作中一些實用的工作技巧。所以要鼓勵屢學不對的員工，只要大家一起努力，你們最後一定會取得成功的。

5 如何推動生產力運動

　　管理的工作包括下列步驟：1.設定目標，2.規劃達成目標的行動方案；3.選定一個標準，以衡量目標達成的程度；4.衡量實際的成果，若有偏差，則需採取糾正措施。

　　這些步驟除了能用於種種目標的達成之外，尚可用於生產力的提高。但是大多數的生產力管理，由於一開始就採取糾正措施，管理者遂面臨推動改進措施並使其融入企業日常作業的挑戰。這種做法通常錯誤百出。唯有慎密的規劃，才能保證生產力的改進措施能發揮其效果。

一、為什麼生產力運動會失敗？

　　生產力改進運動導致失敗，及其無法融入企業組織的原因有：

1.改變措施太過於突然

　　需要給接受改變的人，有一段時間來適應改變。所以，如果公司還不能適應某些大改變(諸如投入新設備，公司合併)，我們最好把人事上的重大興革延後。

2.爭取資源

　　同樣的，一個龐大的生產力運動，至少也要投入相當的人力與財力。瞭解之外，還要確定能獲得這些資源。

3.主管承諾

雖然高階主管贊成生產力運動，但各級主管可能不同意推行改進措施的若干方式。如果有任何主管積極反對此運動，或者缺乏承諾，都會構成推行上的障礙。

4.範圍確定

生產力運動有時過於好高騖遠，使得我們覺得資源不夠應用；有時卻範圍定得太小，而未能把握較具價值的整體性工作。

5.診斷工作

有時生產力運動推行得太倉促，管理當局可能會忽略情報彙集的歷程，而這在選定正確的工作重點是極為重要的。

6.溝通

缺乏足夠的情報會引起懷疑、猜測、懼怕。懼怕會阻礙生產力運動的推行。調查訪問前，主管須告知員工，公司打算推行某些興革計劃，將這些改進措施說明清楚後，應能消除員工對其工作之疑懼天性。然而，這些溝通最好不要引起一些不必要的推測。

7.參與

我們已經說過，生產力運動須要靠員工的參與。如果員工認為此運動是被迫於主管的命令，則此運動將很難有成果。員工需要有某種程度的參與，才能發揮效果。縱然如此，員工也許會因為此種參與，而干擾到他的日常工作;這是主管應該注意的地方，特別是對於沒有管理經驗的員工，最好不要因這些瑣事，而把他搞得焦頭爛額。

8.教育

某一改進措施一旦行之有效，管理當局經常未能將其原理引用至其他類似的作業，也未曾致力於教導其他管理人員，有關原

則的應用或最近實例的講解。

9.解決問題之架構

在一個低生產力的工作群體中，員工對於其意見不受重視習以爲常，這些員工參與生產力運動解決問題時，主管應該注意到，不要太快就縮小問題範圍；員工也應該瞭解，所有的建議在最初都是可接受的，這與他們在工作崗位上所應用的法則大不相同。

10.組織

行動方案一旦選定，重要的是必須確立其實行的特定工作步驟、負責人選、及工作進度。

11.衡量

某些推行生產力運動的管理人員未能設定適當的準繩，以衡量執行成果；光是士氣或工作滿意方面籠統的改善還不夠，最高管理當局所要的是以產出、品質及其它具體的統計數字表示成效。

12.長久維持

很多生產力運動一開始就屬於專案試行的性質，而與公司的其他部門有相當程度的隔閡；除非在隸屬關係、薪資制度、訓練等方面有若干改變，要將其整個納入組織可能會有困難。

管理當局若不注意這些問題，過了試行期限之後，可能就無法繼續維持生產力運動的成果。甚至在最初爲推行生產力運動而搜集情報之前，主管人員仍可以看出生產力過低的徵兆。

二、生產力的自我檢查表

以下所列這些常見問題，每位主管人員都應經常捫心自問：

1.任何反生產性活動，在過去一年是否有惡化的現象？

2.公司的生產力統計指針，比起從產業公會、商業團體或政府機構得來的資料，是否略有遜色？

3.最近幾年工資及其它成本增加的速度，是否高於銷售或其他收入？

4.工廠或任何部門的生產力與獲利性，是否低於同業或公司的其他部門？

5.公司是否由於售價或投標價格較競爭者為高而失去客戶？

6.顧客對於品質及服務的抱怨是否逐漸增多？他們通常抱怨的內容為何？

7.工廠與設備的投資是否未能如所預期的提高生產力？

8.日常作業的緊急事故是否長期地佔用了管理者應該用來策劃與自我發展的時間？

9.各個部門的經理是否經常發生爭執與衝突？

10.發生問題時，是否很難確定權責？

三、推動生產力計劃的內部組織

參與推動生產力計劃的部門與人員系視所要解決的問題，一般策略、組織的大小及資源的多寡而定。小公司的最高主管就扮演相當積極的角色，至少在最初階段必須如此。公司內部若沒有合適的幕僚人選可擔任「與革推動者」與「專案協調者」，也可以借重外面的顧問。

以下列出生產力推動方案典型的行動步驟。其中前兩項可以由內部人員來完成，以後的工作，有些公司是由公司內部人員來完成，而有些公司則由外面聘用專家來作。

1.列出幾個具有若干上述檢查表中所提及的問題之工作群體，要能代表公司的營運活動，也要具有相當的重要性。每個群體有 20 人以上即可，人數越多越行；若員工與管理人員的比例不超過 10：1，員工多達 200 人的大工作群體仍能掌握。

2.對於每個群體，定出適當的生產力提高率，例如：5%。

3.針對最具改善潛力的群體，設法確定造成生產力問題的一般病因，是不是設備太差？技術不夠？激勵不足？或是什麼問題？這可以透過與第一線主管及少數員工代表面談而獲悉結果。

4.分析員工的反應，看其是否提出任何解決問題的方案？

5.檢討執行方案所需要的資源，確定公司內是否有其所需要的專家，或必須延攬外面的顧問。(選擇數位合格的顧問，然後再根據其他客戶的推、面談、以及顧問所提的正式計劃，作成最後的決定。)

6.不管有沒有外面的顧問參與，一定要指定一個專案經理與執行單位，來負責此事。如果可能的話，可暫時解除這位專案經理的其他職務，而執行小組的成員應包括所有在作業上會受到該興革計劃影響的每個管理人員。

7.如果從外面聘請顧問，應舉辦研討會，使他能引導執行小組應用其預期的法則。

8.如果必要的話，可利用問卷、面談、檢討作業統計資料或其他適當的方法，來尋找更進一步的資料。

9.舉辦問題解決研討會。會議的第一步要讓每位小組成員，都同意問題所在；其次，他們須對此問題，提出各種解決辦法；然後找出某些解決辦法之所以不可行，或很難行得通的原因，最後，他們必須列出一些可行的辦法解決。

10.找出一些統計的作業指標，並設定一些標率，以作為稽核本計劃成效的指標。

11.與有關的員工及管理人員就現階段的發展，爾後可能的一般動向及其理由交換意見。

12.設立一個進度表。

13.分派給每位成員明確的責任。

心得欄

_____

_____

_____

_____

_____

_____

圖 書 出 版 目 錄

1. 傳播書香社會，凡向本出版社購買（或郵局劃撥購買），一律 9 折優惠。
   服務電話 (02) 27622241　(03) 9310960　傳真 (02) 27620377　(03) 9310961
2. 請將書款用 ATM 自動扣款轉帳到我公司下列的銀行帳戶。
   銀行名稱：合作金庫銀行　　帳號：5034-717-347447
   公司名稱：憲業企管顧問有限公司
3. 郵局劃撥號碼：18410591　郵局劃撥戶名：憲業企管顧問公司
4. 圖書出版資料隨時更新，請見網站　www.bookstore99.com
5. 電子雜誌贈品　回饋讀者，免費贈送《環球企業內幕報導》電子報，
   請將你的 e-mail、姓名，告訴我們編輯部郵箱 huang2838@yahoo.com.tw
   即可。

───── 經營顧問叢書 ─────

4	目標管理實務	320 元	25	王永慶的經營管理	360 元
5	行銷診斷與改善	360 元	26	松下幸之助經營技巧	360 元
6	促銷高手	360 元	30	決戰終端促銷管理實務	360 元
7	行銷高手	360 元	32	企業併購技巧	360 元
8	海爾的經營策略	320 元	33	新產品上市行銷案例	360 元
9	行銷顧問師精華輯	360 元	37	如何解決銷售管道衝突	360 元
10	推銷技巧實務	360 元	46	營業部門管理手冊	360 元
11	企業收款高手	360 元	47	營業部門推銷技巧	390 元
12	營業經理行動手冊	360 元	52	堅持一定成功	360 元
13	營業管理高手（上）	一套	55	開店創業手冊	360 元
14	營業管理高手（下）	500 元	56	對準目標	360 元
16	中國企業大勝敗	360 元	57	客戶管理實務	360 元
18	聯想電腦風雲錄	360 元	58	大客戶行銷戰略	360 元
19	中國企業大競爭	360 元	59	業務部門培訓遊戲	380 元
21	搶灘中國	360 元	60	寶潔品牌操作手冊	360 元
22	營業管理的疑難雜症	360 元	61	傳銷成功技巧	360 元
23	高績效主管行動手冊	360 元	63	如何開設網路商店	360 元

147	六步打造績效考核體系	360 元	182	如何改善企業組織績效	360 元
148	六步打造培訓體系	360 元	183	如何識別人才	360 元
149	展覽會行銷技巧	360 元	184	找方法解決問題	360 元
150	企業流程管理技巧	360 元	185	不景氣時期，如何降低成本	360 元
152	向西點軍校學管理	360 元	186	營業管理疑難雜症與對策	360 元
153	全面降低企業成本	360 元	187	廠商掌握零售賣場的竅門	360 元
154	領導你的成功團隊	360 元	188	推銷之神傳世技巧	360 元
155	頂尖傳銷術	360 元	189	企業經營案例解析	360 元
156	傳銷話術的奧妙	360 元	191	豐田汽車管理模式	360 元
158	企業經營計劃	360 元	192	企業執行力（技巧篇）	360 元
159	各部門年度計劃工作	360 元	193	領導魅力	360 元
160	各部門編制預算工作	360 元	194	注重細節（增訂四版）	360 元
161	不景氣時期，如何開發客戶	360 元	197	部門主管手冊(增訂四版)	360 元
162	售後服務處理手冊	360 元	198	銷售說服技巧	360 元
163	只爲成功找方法，不爲失敗找藉口	360 元	199	促銷工具疑難雜症與對策	360 元
			200	如何推動目標管理（第三版）	390 元
166	網路商店創業手冊	360 元	201	網路行銷技巧	360 元
167	網路商店管理手冊	360 元	202	企業併購案例精華	360 元
168	生氣不如爭氣	360 元	204	客戶服務部工作流程	360 元
169	不景氣時期，如何鞏固老客戶	360 元	205	總經理如何經營公司(增訂二版)	360 元
170	模仿就能成功	350 元	206	如何鞏固客戶（增訂二版）	360 元
171	行銷部流程規範化管理	360 元	207	確保新產品開發成功(增訂三版)	360 元
172	生產部流程規範化管理	360 元	208	經濟大崩潰	360 元
173	財務部流程規範化管理	360 元	209	鋪貨管理技巧	360 元
174	行政部流程規範化管理	360 元	210	商業計劃書撰寫實務	360 元
176	每天進步一點	350 元	212	客戶抱怨處理手冊(增訂二版)	360 元
177	易經如何運用在經營管理	350 元	213	現金爲王	360 元
178	如何提高市場佔有率	360 元	214	售後服務處理手冊（增訂三版）	360 元
179	推銷員訓練教材	360 元	215	行銷計劃書的撰寫與執行	360 元
180	業務員疑難雜症與對策	360 元	216	內部控制實務與案例	360 元
181	速度是贏利關鍵	360 元	217	透視財務分析內幕	360 元

32	如何藉助 IE 提升業績	380 元
34	如何推動 5S 管理（增訂三版）	380 元
35	目視管理案例大全	380 元
36	生產主管操作手冊(增訂三版)	380 元
37	採購管理實務（增訂二版）	380 元
38	目視管理操作技巧(增訂二版)	380 元
39	如何管理倉庫（增訂四版）	380 元
40	商品管理流程控制(增訂二版)	380 元
41	生產現場管理實戰	380 元
42	物料管理控制實務	380 元
43	工廠崗位績效考核實施細則	380 元
46	降低生產成本	380 元
47	物流配送績效管理	380 元
49	6S 管理必備手冊	380 元
50	品管部經理操作規範	380 元
51	透視流程改善技巧	380 元
52	部門績效考核的量化管理（增訂版）	380 元
53	生產主管工作日清技巧	380 元
55	企業標準化的創建與推動	380 元
56	精細化生產管理	380 元
57	品質管制手法〈增訂二版〉	380 元
58	如何改善生產績效〈增訂二版〉	380 元

《醫學保健叢書》

1	9 週加強免疫能力	320 元
2	維生素如何保護身體	320 元
3	如何克服失眠	320 元
4	美麗肌膚有妙方	320 元

5	減肥瘦身一定成功	360 元
6	輕鬆懷孕手冊	360 元
7	育兒保健手冊	360 元
8	輕鬆坐月子	360 元
9	生男生女有技巧	360 元
10	如何排除體內毒素	360 元
11	排毒養生方法	360 元
12	淨化血液　強化血管	360 元
13	排除體內毒素	360 元
14	排除便秘困擾	360 元
15	維生素保健全書	360 元
16	腎臟病患者的治療與保健	360 元
17	肝病患者的治療與保健	360 元
18	糖尿病患者的治療與保健	360 元
19	高血壓患者的治療與保健	360 元
21	拒絕三高	360 元
22	給老爸老媽的保健全書	360 元
23	如何降低高血壓	360 元
24	如何治療糖尿病	360 元
25	如何降低膽固醇	360 元
26	人體器官使用說明書	360 元
27	這樣喝水最健康	360 元
28	輕鬆排毒方法	360 元
29	中醫養生手冊	360 元
30	孕婦手冊	360 元
31	育兒手冊	360 元
32	幾千年的中醫養生方法	360 元
33	免疫力提升全書	360 元
34	糖尿病治療全書	360 元

35	活到 120 歲的飲食方法	360 元
36	7 天克服便秘	360 元
37	爲長壽做準備	360 元

《幼兒培育叢書》

1	如何培育傑出子女	360 元
2	培育財富子女	360 元
3	如何激發孩子的學習潛能	360 元
4	鼓勵孩子	360 元
5	別溺愛孩子	360 元
6	孩子考第一名	360 元
7	父母要如何與孩子溝通	360 元
8	父母要如何培養孩子的好習慣	360 元
9	父母要如何激發孩子學習潛能	360 元
10	如何讓孩子變得堅強自信	360 元

《成功叢書》

1	猶太富翁經商智慧	360 元
2	致富鑽石法則	360 元
3	發現財富密碼	360 元

《企業傳記叢書》

1	零售巨人沃爾瑪	360 元
2	大型企業失敗啓示錄	360 元
3	企業併購始祖洛克菲勒	360 元
4	透視戴爾經營技巧	360 元
5	亞馬遜網路書店傳奇	360 元
6	動物智慧的企業競爭啓示	320 元
7	CEO 拯救企業	360 元
8	世界首富　宜家王國	360 元
9	航空巨人波音傳奇	360 元
10	傳媒併購大亨	360 元

《智慧叢書》

1	禪的智慧	360 元
2	生活禪	360 元
3	易經的智慧	360 元
4	禪的管理大智慧	360 元
5	改變命運的人生智慧	360 元
6	如何吸取中庸智慧	360 元
7	如何吸取老子智慧	360 元
8	如何吸取易經智慧	360 元

《DIY 叢書》

1	居家節約竅門 DIY	360 元
2	愛護汽車 DIY	360 元
3	現代居家風水 DIY	360 元
4	居家收納整理 DIY	360 元
5	廚房竅門 DIY	360 元
6	家庭裝修 DIY	360 元
7	省油大作戰	360 元

《傳銷叢書》

4	傳銷致富	360 元
5	傳銷培訓課程	360 元
7	快速建立傳銷團隊	360 元
9	如何運作傳銷分享會	360 元
10	頂尖傳銷術	360 元
11	傳銷話術的奧妙	360 元
12	現在輪到你成功	350 元
13	鑽石傳銷商培訓手冊	350 元
14	傳銷皇帝的激勵技巧	360 元
15	傳銷皇帝的溝通技巧	360 元
16	傳銷成功技巧（增訂三版）	360 元
17	傳銷領袖	360 元

《財務管理叢書》

1	如何編制部門年度預算	360 元
2	財務查帳技巧	360 元
3	財務經理手冊	360 元
4	財務診斷技巧	360 元
5	內部控制實務	360 元
6	財務管理制度化	360 元
7	現金爲王	360 元
8	財務部流程規範化管理	360 元
9	如何推動利潤中心制度	360 元

《培訓叢書》

1	業務部門培訓遊戲	380 元
2	部門主管培訓遊戲	360 元
3	團隊合作培訓遊戲	360 元
4	領導人才培訓遊戲	360 元
8	提升領導力培訓遊戲	360 元
9	培訓部門經理操作手冊	360 元
11	培訓師的現場培訓技巧	360 元
12	培訓師的演講技巧	360 元
14	解決問題能力的培訓技巧	360 元
15	戶外培訓活動實施技巧	360 元
16	提升團隊精神的培訓遊戲	360 元
17	針對部門主管的培訓遊戲	360 元
18	培訓師手冊	360 元
19	企業培訓遊戲大全（增訂二版）	360 元

為方便讀者選購，本公司將一部分上述圖書又加以專門分類如下：

《企業制度叢書》

1	行銷管理制度化	360 元
2	財務管理制度化	360 元
3	人事管理制度化	360 元
4	總務管理制度化	360 元
5	生產管理制度化	360 元
6	企劃管理制度化	360 元

《主管叢書》

1	部門主管手冊	360 元
2	總經理行動手冊	360 元
3	營業經理行動手冊	360 元
4	生產主管操作手冊	380 元
5	店長操作手冊（增訂版）	360 元
6	財務經理手冊	360 元
7	人事經理操作手冊	360 元

《人事管理叢書》

1	人事管理制度化	360 元
2	人事經理操作手冊	360 元
3	員工招聘技巧	360 元
4	員工績效考核技巧	360 元
5	職位分析與工作設計	360 元
6	企業如何辭退員工	360 元
7	總務部門重點工作	360 元
8	如何識別人才	360 元
9	人力資源部流程規範化管理（增訂二版）	360 元

《理財叢書》

1	巴菲特股票投資忠告	360 元
2	受益一生的投資理財	360 元

3	終身理財計劃	360 元
4	如何投資黃金	360 元
5	巴菲特投資必贏技巧	360 元
6	投資基金賺錢方法	360 元
7	索羅斯的基金投資必贏忠告	360 元
8	巴菲特爲何投資比亞迪	360 元

《網路行銷叢書》

1	網路商店創業手冊	360 元
2	網路商店管理手冊	360 元
3	網路行銷技巧	360 元
4	商業網站成功密碼	360 元
5	電子郵件成功技巧	360 元
6	搜索引擎行銷密碼(即將出版)	

《經濟叢書》

| 1 | 經濟大崩潰 | 360 元 |
| 2 | 石油戰爭揭秘(即將出版) | |

建立企業圖書館

當市場競爭激烈時：

培訓員工，強化員工競爭力是企業最佳對策

「人才」是企業最大的財富。如何提升人才，是企業永續經營、戰勝對手的核心競爭力。積極培訓公司內部員工，是經濟不景氣時期的最佳戰略，而最快速的具體作法，就是**「建立企業內部圖書館，鼓勵員工多閱讀、多進修專業書籍」**

建議您：請一次購足本公司所出版各種經營管理類圖書，作為貴公司內部員工培訓圖書。（使用率高的，準備多本；使用率低的，只準備一本。）

最 暢 銷 的 工 廠 叢 書

	名 稱	特价		名稱	特價
1	生產作業標準流程	380 元	2	生產主管操作手冊	380 元
3	目視管理操作技巧	380 元	4	物料管理操作實務	380 元
5	品質管理標準流程	380 元	6	企業管理標準化教材	380 元
8	庫存管理實務	380 元	9	ISO 9000 管理實戰案例	380 元
10	生產管理制度化	360 元	11	ISO 認證必備手冊	380 元
12	生產設備管理	380 元	13	品管員操作手冊	380 元
14	生產現場主管實務	380 元	15	工廠設備維護手冊	380 元
16	品管圈活動指南	380 元	17	品管圈推動實務	380 元
18	工廠流程管理	380 元	20	如何推動提案制度	380 元
21	採購管理實務	380 元	22	品質管制手法	380 元
23	如何推動 5S 管理（修訂版）	380 元	24	六西格瑪管理手冊	380 元
25	商品管理流程控制	380 元	27	如何管理倉庫	380 元
28	如何改善生產績效	380 元	29	如何控制不良品	380 元
30	生產績效診斷與評估	380 元	31	生產訂單管理步驟	380 元
32	如何藉助 IE 提升業績	380 元	33	部門績效評估的量化管理	380 元
34	如何推動 5S 管理（增訂三版）	380 元	35	目視管理案例大全	380 元
36	生產主管操作手冊（增訂三版）	380 元	37	採購管理實務（增訂二版）	380 元
38	目視管理操作技巧（增訂二版）	380 元	39	如何管理倉庫（增訂四版）	380 元
40	商品管理流程控制（增訂二版）	380 元	41	生產現場管理實戰案例	380 元

上述各書均有在書店陳列販賣，若書店賣完，而來不及由庫存書補充上架，請讀者直接向店員詢問、購買，最快速、方便！

請透過郵局劃撥購買：

郵局劃撥戶名：憲業企管顧問公司

郵局劃撥帳號：18410591

回饋讀者，免費贈送《環球企業內幕報導》電子報，請將你的
e-mail、姓名，告訴我們 huang2838@yahoo.com.tw 即可。

工廠叢書⑤⑧   售價：380 元

如何改善生產績效〈增訂二版〉

西元二○○五年二月	初版一刷
西元二○一○年五月	增訂二版一刷

編著：秦萬友

策劃：麥可國際出版有限公司（新加坡）

編輯：蕭玲

校對：焦俊華

發行人：黃憲仁

發行所：憲業企管顧問有限公司

電話：(02) 2762-2241   (03) 9310960   0930872873

臺北聯絡處：臺北郵政信箱第 36 之 1100 號

郵政劃撥：**18410591 憲業企管顧問有限公司**

江祖平律師顧問：紙品書、數位書著作權與版權均歸本公司所有

登記證：行政業新聞局版台業字第 6380 號

本公司徵求海外版權出版代理商（0930872873）

ISBN：978-986-6421-56-3

擴大編制，誠徵新加坡、臺北編輯人員，請來函接洽。